花生单粒精播高产栽培理论与技术

万书波　张佳蕾　著

科学出版社

北　京

内 容 简 介

本书共分 13 章，概述了花生单粒精播的意义、发展历程和效益分析；从根系发育、植株性状、光合衰老特性、碳氮代谢活性、养分吸收利用、冠层微环境、群体结构和产量构成因素等方面全面系统地论述了单粒精播增产的机理；初步阐述了单粒精播与传统双粒穴播在株间竞争、基因表达、根系分泌物等方面的差异；详细介绍了单粒精播核心技术、关键配套技术及单粒精播高产栽培技术体系。

本书理论与实践紧密结合，可供广大花生科技工作者、农业院校师生、农业技术推广人员和从事花生生产的新型经济主体与种植户参考。

图书在版编目 (CIP) 数据

花生单粒精播高产栽培理论与技术/万书波，张佳蕾著.—北京：科学出版社，2020.8
ISBN 978-7-03-065812-8

Ⅰ.①花… Ⅱ.①万… ②张… Ⅲ.①花生–高产栽培 Ⅳ.①S565.2

中国版本图书馆 CIP 数据核字(2020)第 143389 号

责任编辑：李秀伟　王　好　闫小敏 / 责任校对：严　娜
责任印制：吴兆东 / 封面设计：刘新新

科 学 出 版 社 出版
北京东黄城根北街 16 号
邮政编码：100717
http://www.sciencep.com
北京虎彩文化传播有限公司 印刷
科学出版社发行　　各地新华书店经销
*
2020 年 8 月第 一 版　　开本：B5 (720×1000)
2021 年 1 月第二次印刷　　印张：12 1/2
字数：252 000
定价：118.00 元
(如有印装质量问题，我社负责调换)

前　言

我国食用油年消费总量在 3400 万 t 以上，而国产仅 1100 万 t，自给率不足 32%，食用油供需矛盾十分突出。我国花生常年种植面积约 430 万 hm^2，年总产量约 1600 万 t，在主要产油作物中，花生种植面积居第三，但总产量和单位面积产油量均居首位。近年来，我国花生种植面临着生产成本日益增高的问题，导致其市场竞争力逐年下降。因此，以节本提质增效为目标的花生栽培关键技术创新与应用研究迫在眉睫，降低花生生产成本、提高产量和质量，对保障我国食用油安全，实现农业增效、农民增收具有重要意义。

生产上为防止花生缺苗断垄，习惯于每穴双粒或多粒播种。但双粒穴播弊端明显。一是用种量大、成本高，每亩（$667m^2$）用种量（荚果）大粒花生 20～25kg，小粒花生 15～18kg，全国每年用于作种的花生约为 150 万 t，用种量占花生总产量的 8%～10%。二是一穴双株之间过窄的植株间距及较高的种植密度造成植株间竞争加剧，大小苗现象突出，群体质量较差，限制花生产量的进一步提高。多年来利用双粒穴播进行高产创建，产量从未突破 11 250kg/hm^2。

根据花生无限开花、单株生产潜力大的特点，山东省农业科学院花生栽培与生理生态创新团队开创性应用竞争排斥原理，提出"单粒精播、健壮个体、优化群体"的技术思路，经过 20 余年系统研究和实践，阐明了花生单粒精播的增产机理，变革了种植方式，解除了株间竞争对产量的制约效应。以单粒精播为核心技术，以钙肥调控和"三防三促"为关键配套技术，创建了花生单粒精播高产栽培技术体系。百亩产量达到 10 551kg/hm^2，可节种 20%、增产 8%以上；小面积高产攻关连续 3 年实收突破 11 250kg/hm^2，实收最高产 11 739kg/hm^2，创世界花生单产最高纪录，打破了"创高产必须穴播两粒"的定论。

本书系统阐述了花生单粒精播增产的机理及栽培技术，所涉及的内容是作者及其团队长期对相关理论和栽培技术研究的提炼与总结，希望本书的出版可以完善花生高产理论研究，并加快推广花生单粒精播技术，为我国花生产量的提高提供技术支撑，并为相关领域的科研、教学、推广工作者提供参考。

在研究过程中，先后得到了国家重点研发计划项目（2018YFD1000900、

2018YFD0201000)、国家自然科学基金面上项目（31571605）、国家科技支撑计划项目（2014BAD11B04、2006BAD21B04）、国家花生产业技术体系建设专项（CARS-13）等项目的资助。团队成员张智猛、郭峰、陶寿祥、杨莎、李新国、孟静静、耿耘、王建国、唐朝辉、张正、赵海军、赵红军、梁晓艳、冯烨等同志为本书的撰写提供了很大的帮助，在此一并致谢。

本书力求充分体现科学性、系统性和实用性，但由于作者水平所限，书中难免存在一些不足，恳请广大读者批评指正。

万书波　张佳蕾

2019 年 11 月

目　　录

第一章 概 述

花生是重要的油料作物之一，在我国油料发展战略中具有重要地位，发展花生生产对油料安全具有重大意义。据统计，在全国农作物中，花生播种面积和总产值分别名列第七和第五。花生播种面积占全国农作物总播种面积的 2.5%～3.3%，产量占全国农作物总产量的 0.114‰～0.123‰。虽然大豆和油菜的播种面积分别占农作物总播种面积的 5.4%～6.1%和 4.6%～4.8%，远高于花生的播种面积，但是二者产量分别仅占全国农作物总产量的 0.013‰和 0.088‰～0.097‰。

我国花生产区主要集中在北部华北平原、渤海湾沿岸地区、南部华南沿海地区及四川盆地等。以北方花生产区的播种面积和产量最大，分别占全国的60%和65%。国内花生种植以山东、河南、河北、广东、安徽、广西、四川、江苏、江西、湖南、湖北、福建、辽宁13个省区为主，面积占全国92.85%，总产量占全国 94.38%（万书波，2003）。其中河南和山东最大，两省的花生种植面积之和约占全国的45%。近几年，我国花生年播种面积均超过 430 万 hm^2，总产量稳定在1600 万 t 以上。

长期以来，传统花生种植采取每穴 2 粒、3 粒或多粒的种植方式，不仅造成同穴大小苗相互影响生长发育，降低产量，而且用种量大，浪费了种子。据统计，我国生产的花生中 8%～10%用于留种，每年种用消耗约 150 万 t 花生荚果，用种量过大，种植收益显著降低。实施花生单粒精播高产栽培技术，不仅节种和节耗，而且能提高播种质量，建立合理群体结构，充分发挥植株个体增产潜力，有效缓解了高产栽培中存在的主要障碍因素。花生单粒精播技术对挖掘高产栽培的增产潜力，提高产量、质量和效益，促进花生产业快速健康发展和增加农民收入等均具有重要意义。

第一节 花生单粒精播的意义

科技进步和品种更替是花生单粒精播的技术支撑。由于遗传学的发展和育种上的突破，世界各国均在不断更新和推广花生新品种。据统计，花生增加的总产量20%以上来自品种的更新。栽培技术、育种技术的发展和优良花生品种的选育，为花生单粒精播提供了坚实的科技基础。

近几年，随着我国农业种植业的快速发展，花生种植正由一家一户的种植模式，向合作社集约化方向发展。今后，大力推广花生单粒精播高产优质高效的栽培技术，加上生产过程机械化、技术操作规程化、田间管理轻简化和产品质量标准化等措施的配合，对促进花生增产、农民增收、保障粮油安全和国家稳定有着重要的意义。

一、花生单粒精播技术符合精准农业发展的要求

近20年来，我国农业发展虽然取得了巨大成就，但多数地区的农业生产基础依然十分薄弱，生产方式较为落后。由于种子质量不高，为了防止缺苗断垄，花生生产依然采用传统的一穴多粒种植模式，机械化水平不高。用花生生产的机械化种植普及率、单位农业可耕地投入率和生产率等指标来衡量，与美国等发达国家相比都处于较低的水平。根据我国目前花生生产发展所面临的资源和环境问题，实施花生单粒精播技术，可有效地提高资源利用率、降低生产成本和提高产品质量。推广花生单粒精播技术，能充分发掘花生个体的生产潜能和利用每一单位生产资料的使用价值。要想用新技术改造我国传统的花生生产增长方式，实现从以数量规模扩大为主要特征的外延型，向以提高生产效率为主要特征的内涵型的转变，促进我国花生生产的跨越式发展，大力推广花生单粒精播技术是一条正确的发展之路，符合精准农业发展的要求。

二、花生单粒精播技术促进了花生种子产业的变革

我国花生品种改良多为类型间杂交育成新品种，既具有珍珠豆型品种的生长习性和结果习性，又具有普通型大花生的大果、大仁、经济系数高、分枝数少和株型紧凑等优点，种植密度增加，高产性增强。培育出来的花生优良品种在进行加倍扩繁和大面积推广时，应采用花生单粒精播技术，播种时一穴一粒，提高播种质量，加强田间管理。同时，为降低花生单粒精播技术的风险，要求提高种子质量、进行种子包衣和防治病虫害，提高出苗率。据试验，利用花生单粒精播高产栽培技术，不仅提高了花生种子质量，而且繁殖倍数高达50~100倍，增加了优良品种的数量。所以，发展花生单粒精播技术，能有力地促进种子质量提高和数量增加，对促进花生种子产业的变革和发展具有积极推动作用。

三、单粒精播技术有利于花生生产的规模化和区域化发展

随着我国农业的快速发展，花生种植必须以规模化为起跳点，由分散种植经营模式向合作社集约化方向发展，搭起农业合作社的跳板，达到从花生个体种植经营向合作种植经营转变的目的。花生单粒精播技术有利于花生生产的规模化和

区域化发展建设，可以建成标准化、规模化、集约化和机械化的优势花生种子生产基地，提高优良品种普及率和自给率水平，并能促进种子商品化，取代农户自留种，为花生的规模化生产提供保障。这一措施是农业适度规模经营、农业产业化和农村经济发展的必然要求。

四、发展单粒精播技术可提升花生生产的机械化水平

精准播种、精准施肥和精准收获的实施都要依靠农业技术装备。我国农业底子较薄，科技水平还处在由传统农业向现代农业转变的起始阶段，以及由粗放经营向精确农业转变的萌芽阶段。2004 年，全国农机化常规技术的普及率为机耕76%、机播 37% 和机收 37%，离精准农业的要求相差很远。

根据我国农村和农民的实际情况，要注重引进、吸收国外先进技术，开发出适合我国国情的花生生产和收获机具。目前，国家已实行农机具补贴政策，鼓励农民购买花生生产和收获机械，鼓励技术创新，从政策和资源等方面支持农机科研部门、生产企业、农机推广部门联合攻关，研制、生产、推广性能先进和可靠性强的农业与花生生产机械。在探索花生生产、收获机械推广新模式下，进行市场开发，启动市场；进行技术培训，强化机具售后服务；培育市场，推动花生生产机械化水平的提高。

花生单粒精播技术的发展，需优先提高花生生产的农业技术装备水平。花生种子筛选技术水平、花生种子包衣技术机械化水平和花生播种技术机械化水平等是花生生产播种环节中农业技术装备水平的重要体现，是促进成苗，增强苗期抗逆性、抗病性的种子处理技术，是花生获得高产的关键，其水平的提高有利于花生机械化精量播种的发展。

五、单粒精播可实现花生生产技术操作的轻简化、规程化

花生种植的轻简化要注重栽培措施和管理技术环节的简化，减少花生种植者的劳动强度、时间和种植成本，达到增产增效的目的。

大力推广花生单粒精播高产栽培技术时，可以依据不同的地域环境资源、土壤肥力状况和品种特性等因素，确立播种时期、密度和田间管理模式等，制订规程化的技术操作程序和轻简化的田间管理模式。花生生产过程按照相应的技术规程来操作，是适应规模化生产发展的需要。

六、单粒精播可以实现花生种子质量标准化

我国花生播种技术仍然采用一穴两粒或多粒的旧习，栽培管理模式粗放，在

现有的地力和水肥条件下，不能发挥高产稳产的潜力，单产水平较低。据考察，全国花生荚果单产水平虽突破 3600kg/hm²，但远低于以色列的 6000kg/hm² 以上，低于美国的 4200kg/hm²。因此，必须改进落后的栽培技术，加快采取单粒精播高产栽培技术，这样才能充分发挥优良品种的高产稳产特性，减少投入，增加产量，使我国花生生产上一个新台阶。

推广花生单粒精播技术，能促使花生种子行业质量标准的变革，改变现行种子的低标准制。据统计，全国约 430 万 hm² 花生种植面积，双粒穴播传统种植每年需种 150 万 t 荚果左右。按我国目前花生种子质量标准：大田用种纯度不低于 96.0%、发芽率不低于 80% 计算，每年将损失花生种超过 30 万 t。实行花生单粒精播技术要求优良品种和精品种子配合，发芽率应达到 95% 以上。采用单粒精播的花生单株环境好，不拥挤、不争水和不争肥，长势一致，能充分发挥单株增产潜力，确保种植密度，省种、省工和省力，从而显著提高花生产量和质量。

第二节　花生单粒精播的发展历程

20 世纪 80 年代，世界发达国家在农业经营中出现了农业生产力提高与资源紧缺和环境质量下降等一系列的矛盾。所以，迫切要求更有效利用各项投入、节约成本、提高利润和农产品市场竞争力及减少环境污染等，这为精准农业的发展提供了社会基础。90 年代，信息等高新技术的高速发展引发了农业系统诸多领域的技术革命，精准农业（又称精确农业、精确农作）应运而生。精准农业的含义是按照田间每一操作单元（区域、部位）的具体条件，精细准确地调整各项土壤和作物栽培管理措施，最大限度地优化使用各项农业投入，以获取单位面积最高产量和最大经济效益，同时保护农业生态环境和土地等农业自然资源。

我国在 20 世纪七八十年代开始了花生生产新的种植制度理论与实践研究，花生生产有了较大发展。小麦套种花生自 20 世纪 80 年代以来发展迅速，根据各地的农业生产水平，制定了适宜的套种方式、播期、密度、施肥及田间管理技术，较好地解决了小麦和花生双高产的技术难题，有效地缓解了北方地区粮油争地的矛盾，取得了小麦、花生双丰收。同时，地膜覆盖技术由日本传入我国，花生地膜覆盖生产迅速得到大面积推广应用。由于花生地膜覆盖栽培能有效地发挥增温调温、提墒保墒、疏松土壤、增肥保肥和防病除草等效应，促进了花生的生长发育，单产比裸栽显著提高。春花生和夏花生覆膜实现大面积高产，一般能达到 6000kg/hm² 以上。小麦套种花生一膜两用双高产技术、覆膜土豆和大蒜收获后种植覆膜夏花生等技术日臻成熟，并进行了大面积推广，解决了粮油和粮菜争地的矛盾。在推广地膜覆盖技术的同时，研制了花生多功能地膜覆盖播种机和配套的花生收刨和脱果联合收获机，实现了大面积播种和收获机械化。这些新技术的推广有力地带动了我国花生生产及产业的发展。

然而，我国花生种植大部分实行以家庭为单位的小规模承包制，农业机械虽有一定程度的推广和应用，但以人力和畜力为主的传统的耕作、种植、管理与经营等仍占主导地位。由于农业的组织化程度不高、生产经营分散和农业经济的势单力薄难以在市场经济条件下与大规模的工业和商业进行平等竞争，因此农业整体效益低，风险大，发展不稳定，这些因素严重妨碍了中国农业现代化之路。据统计，全国平均每个经济活动人口占有耕地面积 0.2hm²，仅占亚洲平均水平的31.5%，占世界平均水平的 44.1%，占美国平均水平的 0.7%。每千人拥有收割机1.4 台，占亚洲平均水平的 31.5%，占世界平均水平的 8.8%，占美国平均水平的10.1%。每千人化肥施用量 64.6t，略高于亚洲平均水平，但仅占世界平均水平的67.5%，占美国平均水平的 1.2%。虽然我国科学技术在农业生产中的应用程度逐年增加，但应用的广度和深度都远远不够，科技在农业增长中的份额只占 27%～35%，较美国等发达国家低 40 多个百分点。

20 世纪 90 年代，随着鲁花 9 号、鲁花 11 号和鲁花 14 号等鲁花系列，豫花 3号和豫花 7 号等豫花系列，中花 3 号和中花 4 号等中花系列，粤油 256 和粤油 223等粤油系列，花育 16 号和花育 17 号等花育系列等，共计 60 余个花生新品种的育成和推广，我国花生生产得到了快速发展。自 1993 年以来，我国花生单产和总产持续超过印度，成为世界第一花生生产大国。

在世界精准农业发展和我国花生生产状况的要求下，山东省农业科学院首先进行了花生单粒精播高产栽培理论与实践的探索，经过 20 多年的系统研究与实践，创建了较为完整的花生单粒精播高产栽培理论和技术体系。

一、问题提出阶段

20 世纪 90 年代，我国花生生产取得了快速发展，产量跃居世界首位。然而随着生产条件的改善和农业科技水平的提高，作物高产栽培正朝着多途径方向发展。在花生高产栽培实践中，资源投入与合理利用、群体与个体之间不协调等矛盾凸显出来。同时在花生生产和发展中，降低生产成本和用种量，增加社会和经济效益等问题日显突出。为缓解这些矛盾和问题，首先应从花生播种技术开始，在优选品种和确保种子质量的前提下，改花生一穴双粒或多粒播为单粒精播。

早在 20 世纪 30 年代，王兰馨教授就提出："每枕距七八寸[①]播种子一粒或二粒于表土二三寸之深为最佳"。20 世纪 50 年代，莱阳农学院的沈毓骏教授报道单粒播有利于增加成熟果实（沈毓骏，1954）；80 年代末，他又研究了夏直播覆膜花生减粒增穴的增产效果，结果表明，对夏直播覆膜花生现行密度进行减粒增穴，

———————————————

① 1 寸≈3.33cm

采取单株密植，对植株长势有极明显的影响，穴播单粒明显利于壮苗，使其长成矮化丰产的株型，较常规密度与种植法的用种粒数减少 20.9%，单位面积穴数增多 58.3%，单株结果数增多 40.2%，增产 15.8%，差异达极显著水平（沈毓骏等，1993）。国内花生单粒播技术由此提出，但前人未进行系统的研究，也未形成具体的栽培技术。

从单粒播可节约种子的角度出发，山东省农业科学院等科研单位自 1993 年开始进行了花生单粒播栽培理论与技术的研究。研究表明单粒精播可减少用种量，降低花生生产成本，有利于花生生长发育，培育健壮个体，建立合理的群体结构，能显著提高花生产量和经济效益，这为花生单粒精播技术的研究奠定了理论基础（万书波，2010）。

二、试验研究阶段

我国花生种植为了保苗、减少空穴率，长期以来均采用一穴两粒或多粒的播种方法，双粒穴播是花生栽培的主要常规技术（孙彦浩等，1982），因此，花生栽培理论和技术研究都是在这个基础上进行的，而关于单粒精播相关理论和技术的研究甚少。在精准农业的发展需求下，如何合理利用资源、降低成本和实现安全优质高产成为花生种植的发展趋势。于是我国在 20 世纪 90 年代对花生单粒精播技术开展了基础性的研究工作。从单粒精播花生植株生长发育、光合产物积累、光合生理特征和需肥特点等方面开始研究，探讨花生单粒精播技术的原理，种植密度和种植方式与产量性状之间的关系等，为示范推广花生单粒精播技术提供了科学依据；根据种植方式、密度和肥料运筹等栽培技术措施对花生精播技术的影响，总结出了行之有效的花生单粒精播技术规程，并研发出配套的气吸式单粒精播多功能播种机和错行增密播种机等。

1993 年，山东省花生研究所开始对花生单粒精播技术进行全面系统的研究，确定了高产花生单粒精播适宜种植密度为 19.5 万粒/hm²，比常规播种可以节种 23.6%，增产 11.8%，经济效益增加 13.9%。1995～1999 年，开展了高产条件下花生单粒精播不同种植方式、密度、需肥特点和优化施肥等对产量、产量性状及冠层特征影响的研究，系统总结出了花生单粒精播对高产群体结构特征、光合生理特征和肥料运筹方式的影响。2000～2004 年，山东省农业科学院联合青岛、烟台、聊城、海阳等地的农业研究和推广单位，开展了单粒精播栽培高产花生的生育特点及配套技术研究，探明了单粒精播栽培花生高产的原理，总结了单粒精播栽培高产花生的生育特点和关键配套技术，制定了花生单粒精播高产栽培技术规程。2003～2007 年，又对单粒精播小麦套种花生套期、肥料与密度的优化配置、肥料与密度对不同品种花生产量的影响进行了研究，明确了单粒精播条件下，不同类型花生品种氮肥用量和密度与产量的数学模型、肥料与密度的产量效应及优化配置组合。2006~2008 年，对不同类型单粒精播花生生长发育、光合性质进行了比较研究，确立了大田高产条件下，光合产物积累量、作物生长率、叶面积指数（leaf area index，LAI）、功能叶片净同化率（net assimilation rate，NAR）与叶面积持续期（leaf area duration，LAD）的峰值和群体光合强度等特征特性。2009~2019 年，系统研究了花生单粒精播增产机理，表明了单粒精播可促进根系发育，提高根系活力，显著提高单株氮、磷、钾、钙的吸收及分配系数；增加单株叶面积，提高花生碳氮代谢和激素调节水平，增加单株干物质积累；明显提高花生冠层微环境质量，提高群体光合效率；显著改善群体结构指标和产量构成要素等；在此基础上，创建出花生单粒精播高产栽培理论与技术体系。

2005~2010 年，山东省农业科学院花生栽培与生理生态创新团队获得了花生精播高产种植法和气吸式单粒精播花生多功能播种机 2 项专利；制定了《夏直播花生密植晚收高产栽培技术》、《花生机械化生产技术》和《花生高产规范化栽培技术》3 项山东省地方标准；花生高产高效栽培技术体系建立与应用、花生高产稳产生育指标及简化栽培技术研究、花生产业标准化技术体系建立与应用和花生安全生产关键技术研究与应用等研究获得国家科学技术进步奖、山东省科学技术奖 4 项。2011~2018 年，研发了花生单粒精播错行增密播种机 2 套和兼顾杀菌、杀虫、壮苗的种衣剂 3 种，以及花生专用包膜控释肥 3 种；制定了《花生单粒精播高产栽培技术规程》、《花生干燥与贮藏技术规程》、《花生种子生产技术规程》和《花生栽培观察记载技术规范》4 项农业行业标准，以及《花生超高产栽培技术》、《花生适期晚收高产栽培技术规程》和《花生合理施钙防空秕栽培技术规程》3 项山东省地方标准；以单粒精播技术为核心的花生抗逆高产关键技术创新与应用获 2018 年山东省科学技术奖一等奖，2019 年获国家科学技术进步奖二等奖。

三、示范推广阶段

进入"十二五"，我国花生生产有了飞速发展。花生单粒精播技术在多年研究试验的基础上，开展了多点辐射式的示范推广。

2009 年 8 月，农业部开展全国粮棉油高产创建活动，印发了《2009 年全国粮棉油高产创建项目实施指导意见》。全国选择 100 个花生主产县，建成 100 个花生高产创建万亩示范片，示范县花生单产较前 3 年平均增加 5%以上。从此，花生单粒精播高产栽培技术在山东示范推广和辐射起来。

"花生单粒精播节本增效高产栽培技术"从 2011 年开始连续被遴选为山东省农业主推技术，2015 年开始连续被遴选为农业部农业主推技术。2011 年此技术获农业部和山东省财政支持，示范推广面积超过 13 000hm²，取得了较高的经济效益和社会效益，保证了花生生产的可持续发展。

为引领种植业转型升级和高质量发展，2018 年山东省农业农村厅和财政厅组织实施了第二批粮油绿色高质高效创建项目，在烟台、泰安、威海和临沂筛选了 4 个花生主产县，每个县中央补助资金 500 万元，有计划地整建制推进花生绿色高质高效创建，大力推广花生单粒精播技术。花生单粒精播节本增效高产栽培技术 2015～2020 年连续 6 年被遴选为农业农村部（原农业部）农业主推技术。

近几年，山东省农业科学院花生栽培与生理生态创新团队在山东平度、莒南、莱州、招远、莱西、宁阳、冠县、高唐以及新疆、湖南、辽宁、吉林等多地进行了花生单粒精播技术高产攻关试验示范，取得了良好的示范效果。单粒精播高产攻关田连续 3 年实收超过 750kg/666.7m^2：2014 年 9 月 26 日，山东省农业厅组织专家对莒南板泉镇的花生单粒精播高产攻关田进行实打验收，实收面积 666.7m^2，产量达到 752.6kg/666.7m^2，打破了 1983 年的花生高产纪录；2015 年 9 月 23 日，农业部种植业管理司委托全国农业技术推广服务中心组织国内有关专家，对平度古岘镇的单粒精播高产攻关田进行了实打验收，实收面积 666.7m^2，产量达到 782.6kg/666.7m^2，创造了我国花生单产新纪录；2016 年 9 月 25 日，全国农业技术推广服务中心组织国内专家对新疆玛纳斯县的单粒精播高产攻关田进行实打验收，产量 752.7kg/666.7m^2，创新疆花生单产纪录。高产纪录的诞生对推动单粒精播技术的推广应用和产量水平的提高发挥了重要作用。

第三节　花生单粒精播的效益分析

精量播种是一种先进的农作物种植方法，是农业增产和农民增收的重要措施之一。在发达国家，玉米、小麦、大豆、蔬菜早已实现精量播种。随着生产条件的改善和农业科技水平的提高，花生单粒精播技术日臻成熟完善，并在生产上大面积推广应用，获得了巨大的经济效益，为我国花生高产栽培探索出一条新途径。

花生是无限生长习性的作物，具有分枝多、花期长、花量大和单株生产潜力高等生物学特性。在高产条件下，花生单粒精播单株结果数可高达 40 个以上，是一穴双粒播种单株结果数的 3～4 倍。因此，推广花生单粒精播技术，能通过培育健壮个体，充分发挥单株生产潜力而获得高产稳产。

一、节约种子

花生是用种量较大的作物，目前，传统的花生种植采用穴播技术，每穴 2～3

粒种子，播种量每公顷大粒花生一般 300～375kg，小粒花生一般 225～270kg。单粒精播较传统播种大粒花生每公顷节约 124.5～159kg，小粒花生每公顷节约 108～126kg，大粒花生和小粒花生平均分别节约种子费用 1251.2 元/hm² 和 1142 元/hm²（表 1-1）。

表 1-1　单粒精播与传统播种节约成本对比分析

播种方式		用种量（kg/hm²）	相当于荚果用量（kg/hm²）	种子费用（元/hm²）	降低成本（元/hm²）
传统播种	大粒花生	300.0～375.0	413.8～517.2	2648.3～3310.1	
	小粒花生	225.0～270.0	310.3～372.4	1985.9～2383.4	
单粒精播	大粒花生	175.5～216.0	242.1～297.9	1549.4～1906.6	1098.9～1403.5
	小粒花生	117.0～144.0	161.4～198.6	1032.9～1271.1	953.0～1112.3

在保持产量不减的情况下，发展花生单粒精播，可减少用种量 20%～30%，全国可节省 22.4 万～33.6 万 t 花生荚果，以 6400 元/t 计算，折合人民币 14.34 亿～21.50 亿元。山东省花生种植面积约占全国花生播种面积的 20%，实施单粒精播，可降低成本 3.07 亿～4.61 亿元，接近我国全年花生出口贸易总额。

据试验，花生单粒精播高产技术还有多种优势，如它能通过精准施用控释肥提高肥料利用率 10%～30%，通过机械播种覆膜提高工效 200%，通过适期晚播提高水分利用率 10% 以上，通过绿色控害节省农药，通过灵活化控节省化学控制剂等。

二、增加产量和效益

山东省通过组织实施花生高产创建和单粒精播等项目，促进了全省花生生产水平显著提高。2008 年，采用单粒精播种植方式开展花生高产创建，0.667hm²（约 10 亩）攻关田最高单产荚果达 9720kg/hm²，666.7hm²（约 1 万亩）平均单产荚果达 5925kg/hm²，增产 11.8%～13.2%，经济效益增加 13.9%。花生单粒精播技术在全省花生主产区得到快速推广，推广面积不断扩大，对推动花生高产、节本和增效发挥了重要作用。

据山东省农业技术推广总站统计，2010 年，全省示范推广面积 10 000hm²，平均荚果单产 6321kg/hm²，较 2009 年平均增产 747kg/hm²，增加 13.4%，平均增收 2091 元/hm²，节支 750 元/hm²，机播增效 1200 元/hm²，共增收节支 965 万元（表 1-2）。同时，配合推广应用控释肥和杀虫灯等新型无公害花生专用产品，减少了环境污染，实现了花生安全生产，保持了良好的生态环境，取得了显著的经济、社会和生态效益。

表 1-2 山东省 2010 年花生单粒精播效益情况表

县（市）	面积（hm²）	单产（kg/hm²）	增减（kg/hm²）	增减（%）	增收（元/hm²）
莱阳市	666.7	6090	675	12.5	1890
海阳市	675.3	6015	420	7.5	1176
泗水县	702.1	6390	795	14.2	2226
五莲县	675.9	6870	1260	22.4	3528
文登市	666.7	6240	585	10.3	1638
平均	677.3	6321	747	13.4	2091

参 考 文 献

沈毓骏. 1954. 落花生的密植试验. 农业学报, 5: 261-266.

沈毓骏, 安克, 王铭伦, 等. 1993. 夏直播覆膜花生减粒增穴的研究. 莱阳农学院学报, 10(1): 1-4.

孙彦浩, 刘恩鸿, 隋清卫, 等. 1982. 花生亩产千斤高产因素结构与群体动态的研究. 中国农业科学, (1): 71-75.

万书波. 2003. 中国花生栽培学. 上海: 上海科学技术出版社.

万书波. 2010. 山东花生六十年. 北京: 中国农业科学技术出版社.

第二章　单粒精播对花生冠层微环境的调控

作物生产是一个群体生产的过程，群体内的各个体间既相互独立，又密切联系。不同的种植方式和密度下，群体内小环境的温度、湿度、光照、空气和土壤理化性质等因素是不同的。而群体内环境条件的变化，直接影响个体生长发育与作物的群体产量。采用合理的种植方式及密度，使群体大小适宜，植株分布更加合理，不仅可以改善植株的冠层结构，而且可以通过调节冠层内的水、热、气等微环境特征来促进植物群体生长发育与产量提高。单粒精播技术通过改变播种方式与密度来调节花生的群体结构，对群体冠层微环境的优化具有重要意义。通过对不同密度单粒精播模式与传统双粒穴播模式下花生冠层微环境特征的差异比较，探讨了单粒精播对花生冠层微环境的调控效应。

试验采用起垄覆膜双行种植，单粒精播条件下分别设置高、中、低 3 个密度处理，分别为 27 万粒/hm^2（S1）、22.5 万粒/hm^2（S2）和 18 万粒/hm^2（S3），每穴一粒，穴距分别为 9.3cm、11.1cm 和 13.9cm；以传统双粒穴播（CK）作对照，种植密度是 27 万粒/hm^2，每穴两粒，穴距为 18.6cm。播种前基施腐熟鸡粪 12t/hm^2，氮（N）90kg/hm^2，磷（P$_2$O$_5$）120kg/hm^2，钾（K$_2$O）150kg/hm^2 和缓控释氮肥 90kg/hm^2。试验品种为花育 22 号，2014 年 5 月 4 日播种，9 月 4 日收获；2015 年 5 月 1 日播种，9 月 2 日收获。

第一节　单粒精播对花生冠层透光率的影响

光是作物生长过程中群体竞争的主要因子（刘晓冰等，2004），而冠层内光照条件是决定冠层叶片光合特性的重要环境因子（Martin，1995；Conocono et al.，1998）。通过改变种植方式与密度，调节作物的群体分布结构，改善冠层内部光照条件，不仅有助于提高冠层内叶片的光合速率，而且有利于促进冠层内其他微环境条件的改善，进而提高群体的光能利用率（李潮海等，2001，2002）。冠层透光率反映了植株群体内部透光性，它可以通过影响叶片光合作用及有机物合成来影响作物最终产量。

花生生育期内，不同处理之间花生冠层透光率存在明显差异。3 个密度单粒精播处理 S1、S2 和 S3 在不同时期的冠层透光率普遍高于 CK。花针期，S2 和 S3 处理的冠层上部透光率显著高于 CK，而 S1 处理与 CK 差异不明显。到结荚期，各处理的冠层透光率达到最低，其中 S1、S2 和 S3 处理的冠层上部透光率分别比 CK 提高 56.9%、80.0% 和 96.9%，冠层下部的透光率分别比 CK 提高 92.8%、150.0% 和 157.0%。进入饱果期，各处理冠层透光率都略有升高，但是 S2 和 S3 处理仍然具有明显优势。进入成熟期，各处理间差异相对较小，尤其是冠层下部各处理间透光率基本没有明显差异。原因是生育后期 CK 中群体环境恶化，花生叶片的衰老脱落速度大于单粒精播处理，使得郁闭的冠层透光率有所升高（表 2-1）。

表 2-1　花生冠层透光率差异（梁晓艳，2016）（%）

冠层位置	处理	花针期	结荚期	饱果期	成熟期
冠层上部	S1	10.5±0.5b	10.2±0.4a	10.4±0.5b	16.3±0.7b
	S2	12.1±0.7a	11.7±0.6a	17.3±0.9a	18.6±0.8a
	S3	13.6±0.5a	12.8±0.6a	18.4±0.8a	19.7±0.8a
	CK	9.1±0.4b	6.5±0.2b	9.3±0.2b	15.4±0.6b
冠层下部	S1	6.4±0.3a	5.4±0.2b	5.6±0.2b	6.3±0.3a
	S2	7.3±0.4a	7.0±0.3a	7.8±0.3a	7.6±0.3a
	S3	7.8±0.3a	7.2±0.4a	8.9±0.4a	7.7±0.4a
	CK	4.1±0.2b	2.8±0.2c	3.5±0.1c	5.9±0.2a

注：S1：单粒精播 27 万粒/hm²；S2：单粒精播 22.5 万粒/hm²；S3：单粒精播 18 万粒/hm²；CK：双粒穴播 27 万粒/hm²；表中数据后不同小写字母代表在 $P < 0.05$ 水平上差异显著

种植密度是调节冠层透光率的重要栽培措施之一。据研究，高密度种植可以提高群体的光能截获率，提高生育前期的光能利用率。但过高的光能截获率伴随着植株间互相遮光严重，冠层内部透光率过低，造成冠层严重郁闭，植株下部叶片不能达到光补偿点，不利于光合作用的进行和群体光合产物的积累。种植密度过小，虽然单株受光面积大，有助于单株光合能力的提高，但群体数量不足，会造成漏光损失，不利于光资源的充分利用（张俊等，2010）。因此采用适宜的密度，建立合理的群体大小，使光能得到最大限度的利用，是作物高产栽培的重要措施之一。另外，株行距变化也会引起冠层内部受光条件的改变，小行距有利于提高冠层的光能截获率（Taylor et al.，1982；Flenet et al.，1996；杨文平等，2008）。关于花生种植方式对冠层透光率影响的研究相对较少，王才斌和成波（1999）研究发现花生 2 行种植与 3 行种植相比，能够改善花生冠层内部的透光性，提高群体的光合速率和干物质生产。宋伟等（2011）研究发现，相同密度下，扩大行距和大小行种植方式有利于增加冠层内部的透光率。花生改传统双粒播种为单粒播种有利于提高花生冠层内部的透光率，其中中密度和低密度单粒精播处理效果较为明显。而高密度单粒精播处理冠层透光率提高不明显，这与其较高的种植密度有关。单粒精播改传统的每穴双粒为单粒，同时适当减小穴距，在田间配置上使花生的分布更加均匀，有效改善了花生不同层次的受光条件，减少了漏光损失，有利于提高光能利用率。

第二节　单粒精播对花生冠层温度和湿度的影响

花生生育期内不同处理之间冠层温度存在明显差异，其中，冠层上部和冠层下部温度表现一致，且同一处理内冠层上部和冠层下部温度基本无明显差异。单粒精播处理 S1、S2 和 S3 的冠层温度在花针期、结荚期和饱果期均高于 CK，尤其是 S2 和 S3 在花针期、结荚期和饱果期的冠层温度与 CK 差异显著，不同处理之间在成熟期没有表现出明显差异。整个生育过程中单粒精播处理 S2 和 S3 之间的冠层温度没有明显差异。花生开花下针对温度有一定要求，适宜温度为 23～28℃，较高的温度能增加花生开花及下针的数量。单粒精播条件下较高的冠层温度，有利于花生的开花与下针。花生荚果发育期的适宜温度为 25～33℃，结荚期内，单粒精播处理较高的冠层温度促进了光合产物的合成与积累，为荚果的生长与发育提供了更优越的环境（表 2-2）。

表 2-2　花生冠层温度差异（梁晓艳，2016）（℃）

冠层位置	处理	花针期	结荚期	饱果期	成熟期
冠层上部	S1	26.9±0.6b	29.9±0.6a	29.7±0.4b	28.8±0.7a
	S2	27.9±0.4a	30.4±0.6a	31.4±0.6a	28.6±0.5a
	S3	27.8±0.5a	30.4±0.4a	31.6±0.4a	29.2±0.7a
	CK	26.4±0.3b	29.1±0.6b	29.5±0.4b	28.5±0.5a
冠层下部	S1	26.8±0.6b	29.9±0.5a	29.4±0.4b	28.6±0.4a
	S2	27.6±0.5a	30.1±0.6a	31.3±0.5a	28.5±0.5a
	S3	27.8±0.6a	30.4±0.5a	31.5±0.5a	29.0±0.6a
	CK	26.2±0.4b	29.0±0.4b	29.3±0.3b	28.5±0.4a

注：S1：单粒精播 27 万粒/hm²；S2：单粒精播 22.5 万粒/hm²；S3：单粒精播 18 万粒/hm²；CK：双粒穴播 27 万粒/hm²；表中数据后不同小写字母代表在 $P < 0.05$ 水平上差异显著

花生生育期内，单粒精播和双粒穴播模式下不同冠层位置空气相对湿度明显不同，其中，结荚期差异较为明显。花针期，单粒精播 S2 和 S3 处理花生冠层上部空气相对湿度略低于传统双粒穴播，但差异未达到显著水平。结荚期和饱果期，单粒精播处理 S1、S2 和 S3 的不同冠层空气相对湿度均显著低于 CK，同一处理内冠层下部空气相对湿度略高于冠层上部。花生结荚期，适宜的空气相对湿度为 70%～80%，单粒精播各处理均在适宜范围内，而传统双粒穴播空气相对湿度超过 80%，表现为湿度过大。这与双粒穴播模式下，田间郁闭严重、冠层内通风透气性差和水分蒸发慢有关（表 2-3）。

表 2-3　花生冠层空气相对湿度差异（梁晓艳，2016）（%）

冠层位置	处理	花针期	结荚期	饱果期	成熟期
冠层上部	S1	73.3±2.4a	75.4±4.3b	73.0±3.1b	64.0±2.2a
	S2	72.6±2.1a	74.3±3.9b	70.2±2.0b	62.3±1.6a
	S3	72.2±2.6a	73.5±2.3b	70.0±2.7b	63.5±2.8a
	CK	73.1±1.8a	82.9±3.5a	82.5±2.6a	64.3±2.4a
冠层下部	S1	74.7±2.6a	78.1±4.1b	74.4±2.9b	64.6±2.0a
	S2	72.9±3.2a	76.4±3.7b	72.1±3.6bc	62.7±2.6a
	S3	72.7±2.2a	74.2±2.6b	70.8±3.5c	63.3±3.1a
	CK	74.0±2.8a	84.3±3.4a	83.2±1.8a	64.1±3.3a

注：S1：单粒精播 27 万粒/hm²；S2：单粒精播 22.5 万粒/hm²；S3：单粒精播 18 万粒/hm²；CK：双粒穴播 27 万粒/hm²；表中数据后不同小写字母代表在 $P < 0.05$ 水平上差异显著

冠层温度和相对湿度综合性地反映了作物冠层内部的环境状况，是群体内在、外在因素共同作用的结果。合理栽培能有效改善冠层内部小气候因子，提高地温，增加冠层内部通风透气性，降低群体内部湿度，有利于减少病虫害的发生并延缓后期衰老。单粒精播明显提高了花生生育期内的冠层温度，降低了空气相对湿度，在结荚期较为显著。可能是传统双粒穴播模式下，密度较大，田间配置不均匀，同穴双株之间竞争激烈，造成叶片互相郁闭，透光透气性差，冠层内部接受有效辐射少，气流交换不通畅，所以冠层内部温度较低，湿度较大，不利于冠层微环境质量的提高。花生生育期，在一定范围内，白天较高的温度有利于光合产物的积累，而结荚期较低的空气相对湿度有利于延缓叶片的衰老。

第三节　单粒精播对花生冠层 CO_2 浓度的影响

单粒精播对花生生育期内冠层 CO_2 浓度具有显著影响。花生生育期内，冠层 CO_2 浓度呈先降低后升高的趋势。花针期，各处理间花生冠层 CO_2 浓度处于较高水平，为 360.1～378.2mg/m³，之后逐渐降低，到饱果期达到最低，为 350.2～362.2mg/m³，进入成熟期各处理的冠层 CO_2 浓度又有所升高。其中，冠层上部的 CO_2 浓度略高于冠层下部。整个生育期内，单粒精播处理 S1、S2 和 S3 的冠层 CO_2 浓度普遍高于双粒穴播 CK。其中，S2 和 S3 效果较为显著，S2 和 S3 较 CK 能够明显提高花生冠层 CO_2 浓度，这与合理的群体结构和良好的通风条件有关（表 2-4）。

双粒穴播模式下花生的冠层 CO_2 浓度明显低于单粒精播模式，原因是双粒穴播模式下，郁闭的冠层结构导致冠层内部通风透气性较差，阻碍了 CO_2 的循环与流动。所以，单粒精播有效地改善了花生的田间配置，优化了群体结构，改善了群体内部不同冠层部位的透光性，提高了冠层温度，增加了群体的通风透气性，

表 2-4　花生冠层 CO_2 浓度差异（梁晓艳，2016）（mg/m^3）

冠层位置	处理	花针期	结荚期	饱果期	成熟期
	S1	375.8±1.9a	368.4±1.2a	356.2±1.2a	365.4±2.0b
冠层上部	S2	376.3±2.1a	369.8±2.1a	358.7±1.0a	367.8±1.2a
	S3	378.2±3.1a	370.4±4.2a	362.2±2.1a	371.5±2.8a
	CK	360.8±1.6b	358.4±1.4b	350.6±1.6b	362.8±1.6b
	S1	370.2±1.0a	366.9±1.1a	353.8±0.8ab	363.7±1.2b
冠层下部	S2	375.6±1.6a	368.6±1.4a	356.7±1.7a	366.5±1.5a
	S3	376.7±2.2a	367.2±2.4a	359.6±3.8a	365.4±2.4a
	CK	360.1±1.8b	359.1±0.9b	350.2±1.3b	362.4±1.6b

注：S1：单粒精播 27 万粒/hm^2；S2：单粒精播 22.5 万粒/hm^2；S3：单粒精播 18 万粒/hm^2；CK：双粒穴播 27 万粒/hm^2；表中数据后不同小写字母代表在 $P<0.05$ 水平上差异显著

降低了过高的冠层内部湿度，有效改善了冠层微环境。同时，延缓了冠层下部叶片的衰老与脱落，充分利用了不同层次的光资源，提高了不同层次叶片的光合性能，增加了光合产物的合成与积累，为荚果产量的提高提供了充足的叶源数量。

参 考 文 献

李潮海, 刘奎, 周苏玫, 等. 2002. 不同施肥条件下夏玉米光合对生理生态因子的响应. 作物学报, 28(2): 265-269.

李潮海, 苏新宏, 谢瑞芝, 等. 2001. 超高产栽培条件下夏玉米产量与气候生态条件关系研究. 中国农业科学, 34(3): 311-316.

梁晓艳. 2016. 单粒精播对花生源库特征及冠层微环境的调控. 长沙: 湖南农业大学博士学位论文.

刘晓冰, 金剑, 王光华. 2004. 行距对大豆竞争有限资源的影响. 大豆科学, 23(3): 215-219.

宋伟, 赵长星, 王月福, 等. 2011. 不同种植方式对花生田间小气候效应和产量的影响. 生态学报, 31(23): 7188-7195.

王才斌, 成波. 1999. 高产条件下不同种植方式和密度对花生产量、产量性状及冠层特征的影响. 花生科技, (1): 12-14.

杨文平, 郭天财, 刘胜波, 等. 2008. 行距配置对'兰考矮早八'小麦后期群体冠层结构及其微环境的影响. 植物生态学报, 32(2): 485-490.

张俊, 王铭伦, 王月福, 等. 2010. 不同种植密度对花生群体透光率的影响. 山东农业科学, (10): 52-54.

Conocono E A, Egdane J A, Setter T L. 1998. Estimation of canopy photosynthesis in rice by means of daily increases in leaf carbohydrate concentration. Crop Science, 38: 987-995.

Flenet F, Kiniry J R, Board J E, et al. 1996. Row spacing effects on light extinction coefficient of corn, sorghum, soybean, and sunflower. Agron J, 88: 185-190.

Martin P N. 1995. Canopy light interception, gas exchange and biomass in reduced height isolines of winter wheat. Crop Science, 35: 1636-1642.

Taylor H M, Mason W K, Rowse H R. 1982. Responses of soybeans to two row spacing and two soil water levels. Field Crops Res, (5): 1-4.

第三章　单粒精播对花生根系发育的调控

根系作为植物的三大器官之一，是植物吸收营养物质及水分的主要部位，在植物的生长及发育过程中起着至关重要的作用，其生长发育及生理状况，是衡量作物群体质量好坏的重要指标。根系形态发育指标主要指根系总生物量、根长、根系表面积、根系体积、根系平均直径等，反映了根系发育状况。根系的发育水平除受本身遗传因素的影响外，在很大程度还受环境因素和栽培方式的影响（李韵珠等，1999），不合理的栽培方式及恶劣的环境因素都会抑制根系的生长，进而影响整个地上部的生长发育。种植方式和种植密度是调控花生根系生长的手段，研究发现随着群体密度的增加，总根长、根系表面积、根系体积及根系生物量均呈下降趋势，而根系平均直径呈增加的趋势（林国林等，2012），原因可能是随着单位面积内植株数量的不断增加，根系之间受空间限制相互拥挤，造成土壤内养分和水分供应不足，在发生环境胁迫时，植株会通过改变根系形态及生理活性来维持正常的生长，空间分布上呈现"横向紧缩，纵向延伸"的特点，总体表现为根系总生物量减少，根系体积和根系表面积降低（Hameed et al.，1987）。生产上通过扩大株距、合理密植等措施来改善植株形态发育，增加根系较高活力的持续期，保证生育后期植株较高的根系吸收能力，增加荚果发育期的干物质积累，对花生产量的进一步提高具有重要意义。

花生根系在土壤中的分布模式并没有被广泛研究。花生根系干重在土壤中的垂直分布呈指数递减模式变化，在 0～20cm 耕作层土壤中，根系干重占植株总重的比例可达 80% 以上，根系 2,3,5-三苯基氯化四氮唑（Triphenylte trazolium chloride，TTC）还原量和 ^{32}P 吸收量等也随土层深度增加而逐渐降低（李向东等，1995）。花生根系的吸收能力在深层土壤中较浅层土壤高得多，因此深层土壤中的根系数量对花生抗旱性的贡献最大（Wright et al.，1994）。花生根系在生育前期生长速率快，到中后期生长速率降低直到后期为零。据王小纯等（2001）研究，花生根系干重和根系活力均在开花后迅速增加，在花后 45 天左右达到最大值，结荚后期迅速降低。不同基因型的花生根系在不同土层中的分布比例，与花生荚果产量和抗旱性关系密切。龙生型品种和中间型品种的主根长较长，珍珠豆型品种的主根长则较短（李尚霞等，2005）。任小平等（2006）认为，花生品种间在主根长、根体积和根干重等方面没有明显差异，但在侧根数和主侧根干重比等方面有显著或极显著差异，龙生型花生根干重大、主侧根干重比大，普通型花生侧根数多。

　　根系的生长及其生理功能，受土壤条件和种植方式的影响较为明显。各种对生长不利的环境因素和栽培方式都会削弱根系的生长，从而抑制花生整株的生长。氮肥用量对根系生长发育以及根系在土壤中分布的影响最为明显（张福锁，1992）。据研究，花生根系的长度、表面积和体积都随施氮量的增加呈增长趋势，根系的平均直径呈下降趋势，施氮也促进了花生根系干物质的积累和根冠比的提高（赵坤和李红婷等，2011）。另外，磷肥的施用能显著提高饱果初期花生根系根瘤数和根瘤鲜重（徐亮等，2009）。土壤水分状况是影响花生根系纵向生长的重要因素，干旱胁迫下，花生根系变长，直径变小，根尖数增多，根系活力下降，并且在花针期缺水根系的反应最为敏感（杨晓康等，2012；姚春梅等，1999）。抗旱性较强的花生品种其深层土壤的根系生物量较高，水分利用率大（Songsria et al.，2009），因此，深层土壤根系干重可作为鉴定花生抗旱品种的指标之一。种植密度和种植方式也可作为调控花生根系生长的手段，根系长度、体积和表面积随密度的增加而降低，直径随密度增加而增加（林国林等，2012）。据研究，玉米和小麦等禾本科作物与花生间作对花生根系有影响，间作对花生根系形态变化和生理反应产生的影响较大，这对改善花生营养起到了重要作用（宋亚娜等，2001；左元梅等，1998）。

　　花生地下部根系和地上部冠层是一个密不可分的整体，但以往很少将两者结合起来研究。洪彦彬等（2009）研究发现，花生开花期根体积、干重、根系活力与植株高度、干重呈极显著正相关关系。结荚期根系干重与地上部干重呈显著正相关，而与其他性状相关性不显著，根冠比与主茎绿叶数呈显著正相关。成熟期根体积、干重、主根长与植株高度、主茎绿叶数呈极显著正相关关系。因此，根系的生长状态与花生植株的衰老密切相关，可通过栽培措施的改进促进根系的生长，提高根系活力，从而延缓叶片的衰老，保障花生生育后期干物质积累。国外研究发现，花生根系干重与比叶面积、叶片叶绿素含量和蒸腾速率紧密相关（Jongrungklanga et al.，2012），在干旱条件下，根系干重的增加会提高花生叶片的蒸腾速率。因此，将花生冠层和根系作为一个整体，系统地研究根冠协调和相关特性以及产量形成的生理机制，具有重要的理论和实践意义。

　　本章通过对花生单粒精播和常规双粒种植两种栽培方式下根系分布、形态、生理指标和根冠关系进行对比研究，阐明了单粒精播增产的根系发育机理，确定了单粒精播既节种又高产的最佳根系群体，对花生壮根发育、根冠协调特性与高产的关系进行了探讨，为单粒精播在花生生产上的推广应用提供了坚实的理论基础和技术支撑。

　　试验品种为大粒花生花育 22 号（HY22）和小粒花生花育 23 号（HY23），种植模式为起垄覆膜栽培，垄距 80cm，垄上行距 32cm。设每穴 1 株，每 666.7m^2

播种 13 000 穴（S1）和 15 000 穴（S2）两个单粒精播处理，穴距分别为 12.8cm 和 11.1cm；以常规生产上每穴 2 株，每 666.7m² 播种 10 000 穴为对照处理（CK），穴距为 16.6cm。播种时单粒精播处理每穴播种 2 粒，双粒穴播对照处理每穴播种 3 粒，出苗后均间苗 1 株，分别保留 1 株和 2 株。

第一节　单粒精播对花生根系生长动态及空间分布的影响

一、单粒精播对花生根系形态的影响

（一）单粒精播对花生根系总长度的影响

花育 22 号各个处理的单株根系总长度随生育进程的推进，均呈先增后减的变化趋势，结荚初期达到峰值（图 3-1）。单粒精播处理（S1 和 S2）的单株根系总长度除了幼苗期之外，其余时期均一直高于双粒穴播 CK，S1 处理各生育期的单株平均根系总长度比 CK 高 43.10%，显著高于 S2 处理的 38.53%。随着单位面积株数的增多，单株根系总长度呈递减趋势，且递减幅逐渐增大，S2 和 CK 处理单位面积株数增加过程中，单株根系总长度的峰值分别比 S1 减少 150.9cm 和 581.1cm。

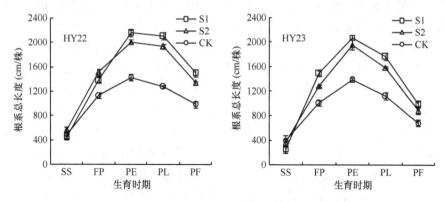

图 3-1　单粒精播对花生单株根系总长度的影响（冯烨，2013）
S1：13 000 株/666.7m²，单粒精播；S2：15 000 株/666.7m²，单粒精播；CK：10 000 穴/666.7m²，双粒穴播；
SS：幼苗期；FP：开花下针期；PE：结荚初期；PL：结荚末期；PF：饱果成熟期

小果型花生花育 23 号，各个处理的单株根系总长度的变化趋势与花育 22 号基本相同（图 3-1）。花针期后 3 个处理的单株根系总长度表现为 S1 > S2 > CK，但从结荚初期之后，根系总长度下降得较为迅速。另外，相同处理两个花生品种间比较，花育 22 号各时期根系总长度大于花育 23 号，其中花育 22 号 S1 处理的峰值比花育 23 号高 4.04%。

（二）单粒精播对花生根系平均直径的影响

花育 22 号根系平均直径的变化规律与单株根系总长度的相反，随花生生育期的推进呈先减后增的趋势，且均在结荚期降到最低值（图 3-2）。不同处理间变化规律一致，随着单位面积株数的递增，根系平均直径呈递增趋势。在幼苗期至结荚末期的 4 个生育期内，S1 和 S2 处理根系平均直径均低于 CK，前者分别比 CK 低 6.10%、11.18%、10.02% 和 12.39%，后者分别比 CK 低 9.65%、5.59%、7.35% 和 4.96%。同为单粒精播的 S1 和 S2 相比较，较高的种植密度增大了根系的平均直径，后者根系直径 5 个时期的平均值比前者高 5.42%。

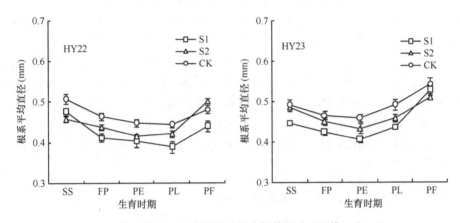

图 3-2 单粒精播对花生根系平均直径的影响（冯烨，2013）

S1：13 000 株/666.7m²，单粒精播；S2：15 000 株/666.7m²，单粒精播；CK：10 000 穴/666.7m²，双粒穴播；
SS：幼苗期；FP：开花下针期；PE：结荚初期；PL：结荚末期；PF：饱果成熟期

花育 23 号根系平均直径的变化规律与花育 22 号基本一致，各个处理的最低值出现在结荚初期，与花育 22 号相比，结荚末期根系平均直径即有较大增加。种植密度的增加增大了根系的平均直径，表现为 CK > S2 > S1（图 3-2）。

（三）单粒精播对花生根系总体积的影响

不同种植条件下，花育 22 号单株根系总体积随花生生育进程均呈先增后减的变化趋势，且均于结荚初期呈现峰值（图 3-3）。随着单位面积种植株数的递增，单株根系总体积呈递减趋势。除了幼苗期，其他生育期均表现为 S1 > S2 > CK，且随着生育进程，不同处理单株根系总体积的差异不断增大。S1 处理各个生育期平均单株根系总体积比 CK 高 26.92%，而 S2 处理比 CK 高 20.90%。S1 处理的峰值比同为单粒精播的高密度处理 S2 提高了 0.11cm³/株，比双粒穴播 CK 提高了 0.53cm³/株。

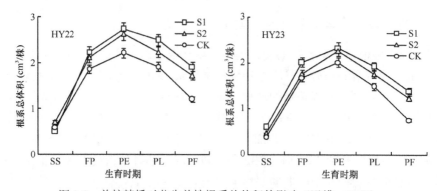

图 3-3 单粒精播对花生单株根系总体积的影响（冯烨，2013）

S1：13 000 株/666.7m²，单粒精播；S2：15 000 株/666.7m²，单粒精播；CK：10 000 穴/666.7m²，双粒穴播；

SS：幼苗期；FP：开花下针期；PE：结荚初期；PL：结荚末期；PF：饱果成熟期

花育 23 号根系总体积的变化趋势和大花生花育 22 号基本一致，不同处理条件下，花育 23 号单株根系总体积均明显低于花育 22 号，前者各生育期的单株平均根系总体积比后者低 18.47%。随着单位面积株数的增加，花育 23 号单株根系总体积的递减幅度明显小于花育 22 号，S2 和 CK 处理与 S1 处理相比，花育 23 号的单株根系总体积峰值分别减少 2.99% 和 13.68%，均明显低于花育 22 号的 4.01% 和 19.34%（图 3-3）。

（四）单粒精播对花生根系吸收总面积的影响

不同处理的花育 22 号单株根系吸收总面积，随着生育进程均呈先增后减的趋势，结荚初期左右最大，各取样时期间差异显著（图 3-4）。在整个生育期内，随单位面积种植株数的增加，根系单株吸收总面积呈现减少趋势，且在结荚初期之后差异达显著水平。S1 和 S2 处理的单株根系吸收总面积的峰值分别比 CK 高 33.33% 和 18.80%。

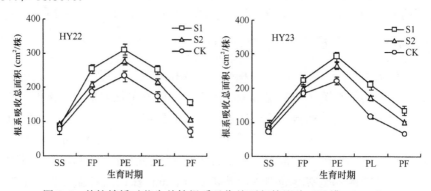

图 3-4 单粒精播对花生单株根系吸收总面积的影响（冯烨，2013）

S1：13 000 株/666.7m²，单粒精播；S2：15 000 株/666.7m²，单粒精播；CK：10 000 穴/666.7m²，双粒穴播；

SS：幼苗期；FP：开花下针期；PE：结荚初期；PL：结荚末期；PF：饱果成熟期

花育 23 号根系吸收总面积的变化规律与花育 22 号基本一致，但单株根系吸收总面积一直低于花育 22 号（图 3-4）。结荚初期达到峰值，但至结荚末期根系吸收总面积下降较为迅速，根系在生育中后期的吸收能力下降幅度大于花育 22 号。结荚初期至饱果成熟期，不同处理花育 23 号根系吸收总面积平均下降了 61.91%，下降幅度略大于花育 22 号的 60.42%。

二、单粒精播对花生根系干物质积累的影响

（一）单粒精播对花生根系干重的影响

单、双粒种植条件下，2 个花生品种的单株根系干重随花生生育进程的推进，均呈先增后减的变化趋势，且均于结荚初期出现峰值（图 3-5）。不同处理的花生单株根系干重在各个生育期间差异显著。单粒精播的 S1 和 S2 处理单株根系干重在各生育期均高于双粒穴播 CK。花育 22 号 S1 和 S2 处理的峰值分别比 CK 高出 52.05% 和 31.96%，花育 23 号的峰值分别高出 50.10% 和 33.45%。2 个花生品种不同处理间，单株根系干重的差异均随着生育进程不断增大。花生品种间比较，相同处理下，花育 22 号单株根系干重明显高于花育 23 号，前者 S1 处理各生育期的单株平均根系干重比后者高 12.38%。单粒精播条件下，随着种植密度的增大，花育 22 号 S2 比 S1 的单株根系干重峰值减少 13.21%，明显高于花育 23 号的 11.09%。

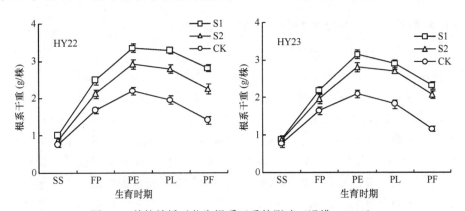

图 3-5　单粒精播对花生根系干重的影响（冯烨，2013）

S1: 13 000 株/666.7m², 单粒精播；S2: 15 000 株/666.7m², 单粒精播；CK: 10 000 穴/666.7m², 双粒穴播；
SS: 幼苗期；FP: 开花下针期；PE: 结荚初期；PL: 结荚末期；PF: 饱果成熟期

（二）单粒精播对花生根系生长速率的影响

2 个花生品种的单株根系生长速率在开花下针期最高，随生育进程呈逐渐下降的趋势，在结荚末期之后生长速率为负值，根系表现出衰老死亡趋势（图 3-6）。与双粒穴播相比，单粒精播 S1 和 S2 处理的单株根系生长速率峰值均较高，花育

22 号分别高 57.90%和 33.92%，花育 23 号分别高 49.75%和 27.06%。不同处理间 2 个花生品种在结荚末期之后差异不显著，而在开花下针期至结荚初期内差异显著，单粒精播更多地是影响花生生育中期之前根系的生长。花生品种间比较，随着单位面积株数的增加，花育 22 号 S2 和 CK 根系生长速率的峰值分别比 S1 减少了 15.19%和 36.67%，而花育 23 号分别比 S1 减少了 15.16%和 33.22%。

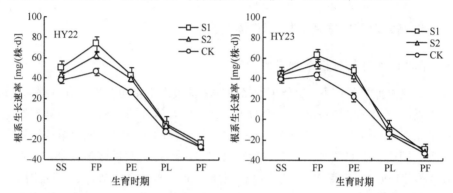

图 3-6　单粒精播对花生根系生长速率的影响（冯烨，2013）

S1：13 000 株/666.7m²，单粒精播；S2：15 000 株/666.7m²，单粒精播；CK：10 000 穴/666.7m²，双粒穴播；
SS：幼苗期；FP：开花下针期；PE：结荚初期；PL：结荚末期；PF：饱果成熟期

三、单粒精播对花生根系群体空间分布的影响

（一）单粒精播对花生根系群体垂直分布的影响

2 个花生品种根系的根长密度在不同处理、不同取样时期垂直方向的分布规律基本相同，均表现为上多下少的分布趋势（图 3-7）。随着生育期的推进，不同处理花生根系的根长密度均呈先升后降趋势，峰值出现在结荚初期。0～40cm 土层内根系有 62%以上（花育 22 号为 62.16%～86.44%，花育 23 号为 65.56%～74.62%）分布在 0～20cm 土层，是 20～40cm 土层根系的 1.6 倍以上。单粒种植条件下，2 个花生品种 2 个处理在结荚初期及之后 0～20cm 土层根系的根长密度均明显高于双粒种植 CK，20～40cm 土层根系的根长密度则变化不大，单粒精播更多地是影响土壤上层根系的分布。说明 0～20cm 土层内，根系的根长密度受种植方式的影响较大。花育 22 号的 S1 和 S2 处理根长密度峰值分别比 CK 高 7.92%和 9.98%，明显高于花育 23 号的 1.84%和 5.90%。

同为单粒精播的 S1 和 S2 处理相比，2 个花生品种的根长密度在幼苗期至结荚初期以 S2 处理较大。结荚末期至饱果成熟期，花育 22 号的根长密度以 S1 较大，而花育 23 号仍以 S2 较大，2 个处理花育 22 号的根长密度分别降低 28.93%和 31.09%，高于花育 23 号的 26.26%和 28.70%，花育 22 号根系的根长密度随密度的增加后期下降的幅度大于花育 23 号。

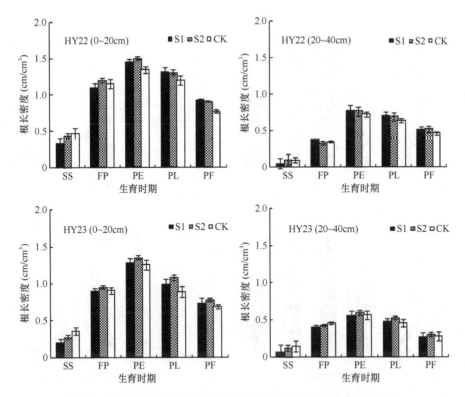

图 3-7 单粒精播对花生根长密度垂直分布的影响（冯烨，2013）

S1: 13 000 株/666.7m²，单粒精播；S2: 15 000 株/666.7m²，单粒精播；CK: 10 000 穴/666.7m²，双粒穴播；

SS: 幼苗期；FP: 开花下针期；PE: 结荚初期；PL: 结荚末期；PF: 饱果成熟期

（二）单粒精播对花生根系群体水平分布的影响

2 个花生品种根系的根长密度在不同种植方式下、不同取样时期水平方向的分布规律基本一致，均表现为垄内多、垄间少的趋势（图 3-8）。花生根系较为集中地分布在垄内区域，生育期内有 75% 以上（花育 22 号为 76.94%～86.25%，花育 23 号为 81.64%～89.23%）的根系分布在垄内，是垄间的 3.3 倍以上，这与垄内土壤疏松及花生为直根系的特性有关。2 个花生品种根系的根长密度，在垄内呈现较为明显的先升后降的变化趋势，峰值出现在结荚初期，而在垄间的变化不明显。单粒精播处理，垄内花生根系的根长密度自开花下针期之后表现出明显优势。花育 22 号的 S1 和 S2 处理的峰值分别比 CK 高 6.28% 和 8.21%，花育 23 号为 4.42% 和 13.26%。结荚末期之后，花育 22 号的高密度单粒精播处理的根长密度下降幅度比低密度处理大，根长密度表现为 S1 > S2 > CK，而花育 23 号单粒精播高密度处理的下降幅度与低密度基本相同，S2 根长密度均高于 S1。

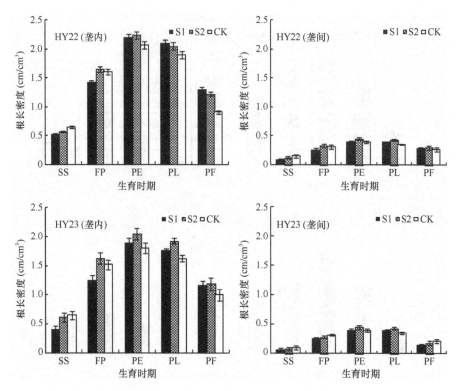

图 3-8 单粒精播对花生根长密度水平分布的影响（冯烨，2013）

S1：13 000 株/666.7m²，单粒精播；S2：15 000 株/666.7m²，单粒精播；CK：10 000 穴/666.7m²，双粒穴播；

SS：幼苗期；FP：开花下针期；PE：结荚初期；PL：结荚末期；PF：饱果成熟期

第二节 单粒精播对花生根系生理特性的影响

一、单粒精播对花生根系活力水平的影响

花生根系的活力水平直接影响个体的生长情况、营养状况和产量水平，有关根系活力的研究较多。经研究，花生根系衰老比地上部衰老发生要早，根系活力是反映花生衰老状况的主要指标。李向东等（2001）研究发现，春花生始花后根系活力变化符合单峰曲线，根系活力在始花后 50d 左右开始下降。施肥种类与数量、种植方式和密度均对根系活力和 ATP 酶活性有较大影响。

（一）单粒精播对花生根系脱氢酶活性的影响

根系脱氢酶活性是反映根系活力最重要的生理指标之一，它参与呼吸、养分吸收、运输和转化等各个环节。2 个花生品种根系脱氢酶活性随着生育进程，均呈现先升后降的变化趋势，且均于结荚初期呈现峰值（图 3-9）。单粒精播处理的

花生根系脱氢酶活性各生育期平均值高于双粒穴播，2 个花生品种单粒精播处理的平均峰值分别比 CK 增加了 80.87μg TTC/（g FW·h）和 70.28μg TTC/（g FW·h）。随着花生生育进程，不同处理间根系脱氢酶活性的差异有变大的趋势。花生品种间比较，花育 23 号的脱氢酶活性从峰值至饱果成熟期的下降幅度明显高于花育 22 号。单粒精播条件下，随着密度的增加，花育 22 号 S2 根系脱氢酶活性的峰值比 S1 降低 19.76%，明显高于花育 23 号的 9.27%。

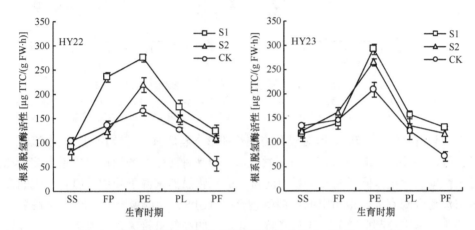

图 3-9 单粒精播对花生根系脱氢酶活性的影响（冯烨，2013）

S1：13 000 株/666.7m²，单粒精播；S2：15 000 株/666.7m²，单粒精播；CK：10 000 穴/666.7m²，双粒穴播；
SS：幼苗期；FP：开花下针期；PE：结荚初期；PL：结荚末期；PF：饱果成熟期

（二）单粒精播对花生根系 ATP 酶活性的影响

ATP 酶通过水解 ATP 释放能量，在根系吸收离子中具有重要作用，与根系活力水平的高低密切相关，该酶活性的强弱直接关系到根系对养分的吸收。不同处理条件下，2 个花生品种的根系 ATP 酶活性随着生育进程的推进，呈现先升后降的趋势，且均于结荚初期呈现峰值，除幼苗期，各处理间差异显著（图 3-10）。2 个品种均表现为单粒精播处理的峰值高于 CK，花育 22 号平均比 CK 高 14.27%，低于花育 23 号的 18.44%。幼苗期，2 个花生品种均表现为双粒穴播处理的 ATP 酶活性最高，这可能与幼苗期双株间应对根系竞争调控有关。而自开花下针期后，双粒穴播酶活性较低可能是因为随着根系生物量的增加，受生长空间的限制，ATP 酶的活性受到抑制。

二、单粒精播对花生根系碳代谢的影响

糖类物质在植物能量供给、碳骨架和细胞壁的形成等方面发挥着重要作用。根系中的糖类物质及合成底物主要是在叶片中产生再运转到根系，虽然分配到根

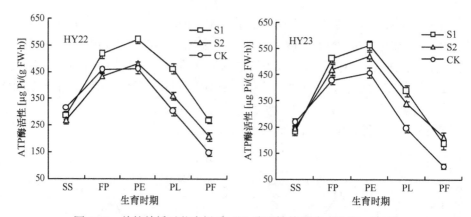

图 3-10　单粒精播对花生根系 ATP 酶活性的影响（冯烨，2013）

S1：13 000 株/666.7m²，单粒精播；S2：15 000 株/666.7m²，单粒精播；CK：10 000 穴/666.7m²，双粒穴播；
SS：幼苗期；FP：开花下针期；PE：结荚初期；PL：结荚末期；PF：饱果成熟期

系中的只占 0.6%～1.9%，但对根系的生长和形态建成具有重要作用（王才斌和万书波等，2011）。郭峰（2007）研究发现，麦田套种花生可增加花生根系中淀粉和可溶性糖的含量，同时指出根系中淀粉合成底物虽然来源于叶片，但其合成的多少与淀粉合酶有关。根系中的蔗糖磷酸合酶（SPS）和蔗糖合酶（SS）是蔗糖代谢的主要酶，控制蔗糖的合成与降解，其活性的高低直接关系到根系淀粉合成底物的数量，从而影响淀粉的合成（夏叔芳等，1981）。

（一）单粒精播对花生根系可溶性总糖含量的影响

2 个花生品种的根系可溶性总糖含量均随生育期的推进呈先增后减的变化趋势，且均于结荚初期呈现峰值（图 3-11）。2 个花生品种均表现为单粒精播处理的根系可溶性总糖含量各生育期平均值高于双粒穴播处理，S1、S2 处理的峰值分别比 CK 高 28.54%、14.42% 和 29.29%、19.81%。花育 22 号的单粒精播较低密度处理表现出明显优势，整个生育期内 S1 平均比 S2 高 16.31%，而花育 23 号的单粒精播低密度处理的优势不明显。

（二）单粒精播对花生根系蔗糖含量的影响

2 个花生品种根系的蔗糖含量均随着生育期的推进，呈先升后降的趋势，在结荚初期至结荚末期呈现峰值（图 3-12）。不同的是花育 22 号峰值持续期较长，直到结荚末期之后才表现出较大的下降幅度，而花育 23 号则在结荚初期至结荚末期即有较大幅度下降。2 个花生品种的单粒精播处理根系蔗糖含量均显著高于 CK，且随着生育期推进差异逐渐增大，两者的 S1、S2 处理分别比 CK 提高了 17.92%、11.02% 和 23.48%、17.37%。单粒精播条件下，花育 22 号的 S1 处理根系蔗糖含量的峰值比 S2 提高了 6.86%，而花育 23 号 S1 的峰值比 S2 提高了 5.20%。

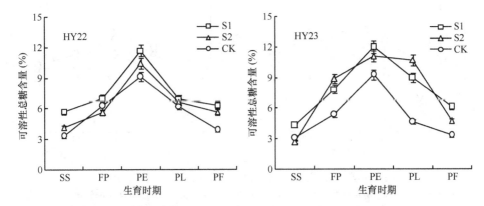

图 3-11 单粒精播对花生根系可溶性总糖含量的影响（冯烨，2013）

S1：13 000 株/666.7m²，单粒精播；S2：15 000 株/666.7m²，单粒精播；CK：10 000 穴/666.7m²，双粒穴播；
SS：幼苗期；FP：开花下针期；PE：结荚初期；PL：结荚末期；PF：饱果成熟期

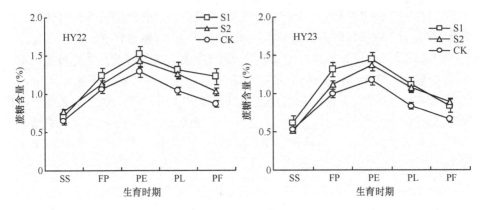

图 3-12 单粒精播对花生根系蔗糖含量的影响（冯烨，2013）

S1：13 000 株/666.7m²，单粒精播；S2：15 000 株/666.7m²，单粒精播；CK：10 000 穴/666.7m²，双粒穴播；
SS：幼苗期；FP：开花下针期；PE：结荚初期；PL：结荚末期；PF：饱果成熟期

（三）单粒精播对花生根系淀粉含量的影响

2 个花生品种根系的淀粉含量随着生育期的推进呈现先增后降的趋势，至结荚初期达到峰值（图 3-13）。随着单位面积种植株数的增加，2 个花生品种根系淀粉含量均呈明显的下降趋势，与 S1 相比，HY22 和 HY23 的 S2 峰值分别降低 15.11% 和 4.51%，CK 峰值分别降低 33.33% 和 25.68%，递减幅度有增大趋势。峰值过后不同处理间差异显著。花育 22 号较低密度的 S1 处理，根系淀粉含量的峰值比高密度 S2 处理提高了 17.77%，而花育 23 的 S1 处理峰值比 S2 高 4.77%。

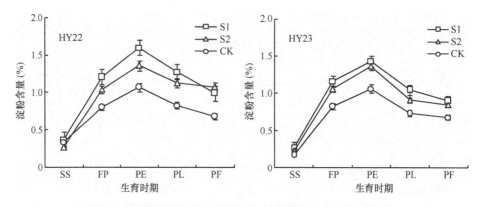

图 3-13　单粒精播对花生根系淀粉含量的影响（冯烨，2013）

S1: 13 000 株/666.7m², 单粒精播；S2: 15 000 株/666.7m², 单粒精播；CK: 10 000 穴/666.7m², 双粒穴播；

SS: 幼苗期；FP: 开花下针期；PE: 结荚初期；PL: 结荚末期；PF: 饱果成熟期

（四）单粒精播对花生根系 SS 活性的影响

蔗糖合酶（SS）是植物体内蔗糖代谢的关键酶，其催化的反应是可逆的，当分解活性大于合成活性时，蔗糖分解，相反则有利于蔗糖的合成。2 个花生品种根系的 SS 活性随着生育期推进均呈先升后降的趋势，在结荚初期达到峰值，单粒精播各处理根系的 SS 活性均高于双粒穴播 CK，且生育期内差异显著（图 3-14）。自幼苗期起，2 个花生品种根系的 SS 活性均保持在较高水平，结合根系内蔗糖和可溶性总糖含量的变化看出，在生育前期 SS 合成活性大于分解活性，蔗糖大量合成。结荚期之后，SS 分解活性大于合成活性，使蔗糖大量分解，并供给荚果生长发育。

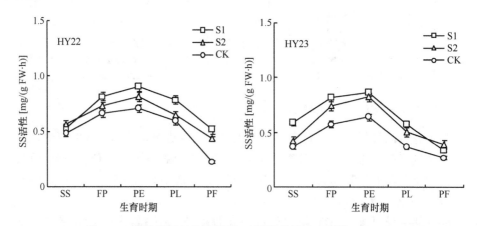

图 3-14　单粒精播对花生根系 SS 活性的影响（冯烨，2013）

S1: 13 000 株/666.7m², 单粒精播；S2: 15 000 株/666.7m², 单粒精播；CK: 10 000 穴/666.7m², 双粒穴播；

SS: 幼苗期；FP: 开花下针期；PE: 结荚初期；PL: 结荚末期；PF: 饱果成熟期

（五）单粒精播对花生根系 SPS 活性的影响

蔗糖磷酸合酶（SPS）是植物体内控制蔗糖合成的关键酶，保障蔗糖输出和淀粉积累平衡。2 个花生品种根系的 SPS 活性随着生育期的推进，均呈先升后降的趋势，在幼苗期至开花下针期达到最大值，之后其活性便开始迅速下降，至饱果成熟期时下降到较低水平（图 3-15）。单粒精播可显著提高根系中 SPS 活性，花育 22 号两个单粒精播处理 SPS 活性的平均峰值是 CK 的 1.34 倍，高于花育 23 号的 1.31 倍。单粒精播条件下，花育 22 号较低密度的 S1 处理的 SPS 活性峰值比 S2 处理提高 19.27%，高于花育 23 号的 16.06%。SPS 活性与蔗糖含量和 SS 活性变化趋势的差异证明，结荚之后根系中蔗糖的分解大于合成，优先保证荚果对糖分的需求。

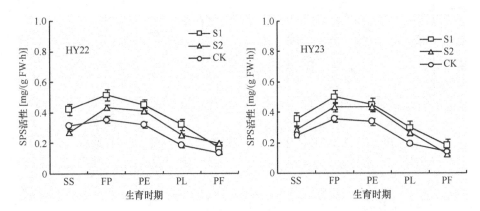

图 3-15　单粒精播对花生根系 SPS 活性的影响（冯烨，2013）

S1: 13 000 株/666.7m², 单粒精播；S2: 15 000 株/666.7m², 单粒精播；CK: 10 000 穴/666.7m², 双粒穴播；
SS: 幼苗期；FP: 开花下针期；PE: 结荚初期；PL: 结荚末期；PF: 饱果成熟期

三、单粒精播对花生根系氮代谢的影响

氮素是植物体内蛋白质和核酸的重要组成元素，对植物的生长发育极为重要。氮代谢是植物体内一个重要的生理过程，主要受硝酸还原酶（NR）和谷氨酰胺合成酶（GS）等的控制，其活性高低直接影响花生对无机氮的利用和谷氨酰胺等的合成。张智猛等（2006）对纯作春花生研究发现，根系中 GS 活性的变化呈单峰曲线，峰值出现在结荚期。另外，小麦套种花生其根系中氨基酸含量以及转氨酶活性均有所提高，更有利于蛋白质的合成（郭峰等，2009），并且不同的施肥种类、种植规格和环境因素都会影响氮代谢相关酶的活性（张智猛等，2005；聂呈荣和凌菱生，1998）。

（一）单粒精播对花生根系游离氨基酸含量的影响

2 个花生品种根系游离氨基酸含量在开花下针期有所下降，至结荚初期达到

峰值，之后迅速下降到较低水平，花育 22 号各个处理间差异显著，花育 23 号各处理在幼苗期、结荚初期和饱果成熟期差异显著（图 3-16）。2 个花生品种的单粒精播处理根系游离氨基酸含量均明显高于 CK，最高增幅达到 30.44%。在整个生育期内，随着单位面积种植株数的增加，根系游离氨基酸含量的峰值呈依次下降趋势，花育 22 号依次下降了 8.16% 和 20.60%，花育 23 号下降了 9.17% 和 8.93%，其中由 S2 处理到 CK，花育 22 号降低幅度是花育 23 号的 2.31 倍。

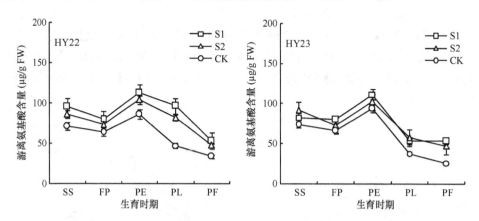

图 3-16　单粒精播对花生根系游离氨基酸含量的影响（冯烨，2013）

S1：13 000 株/666.7m²，单粒精播；S2：15 000 株/666.7m²，单粒精播；CK：10 000 穴/666.7m²，双粒穴播；
SS：幼苗期；FP：开花下针期；PE：结荚初期；PL：结荚末期；PF：饱果成熟期

（二）单粒精播对花生根系可溶性蛋白含量的影响

2 个花生品种根系可溶性蛋白含量随着生育期的推进，均呈先升后降的单峰曲线变化，峰值位于结荚初期，不同处理对根系可溶性蛋白的含量有较大影响，但未改变其变化趋势（图 3-17）。与 CK 相比，单粒精播可明显提高根系可溶性蛋白的含量，而单粒精播条件下种植密度不同也会对其含量造成一定影响。在整个花生生育期内，随着种植密度的递增，各生育期根系可溶性蛋白含量呈递减趋势，花育 22 号 S2 和 CK 的 5 个生育时期平均值分别递减了 12.54% 和 49.50%，均高于花育 23 号的 1.14% 和 30.02%。

（三）单粒精播对花生根系全氮含量的影响

2 个花生品种根系全氮含量的变化趋势基本一致，均随着生育期的推进逐渐降低，至饱果成熟期有所回升，单粒精播处理并未影响根系全氮含量的变化趋势，但能明显提高其含量（图 3-18）。在结荚初期，随着单位面积株数的增加，2 个花生品种根系全氮含量均呈递减趋势，花育 22 号 S2 和 CK 处理在这个时期的数值相比 S1 减少了 9.93% 和 14.68%，花育 23 号减少了 6.59% 和 17.96%。根系全氮含

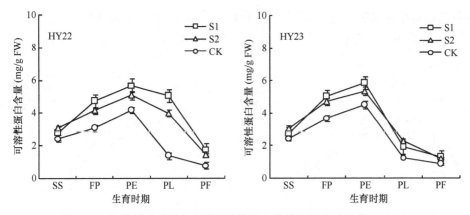

图 3-17　单粒精播对花生根系可溶性蛋白含量的影响（冯烨，2013）

S1：13 000 株/666.7m², 单粒精播；S2：15 000 株/666.7m², 单粒精播；CK：10 000 穴/666.7m², 双粒穴播；
SS：幼苗期；FP：开花下针期；PE：结荚初期；PL：结荚末期；PF：饱果成熟期

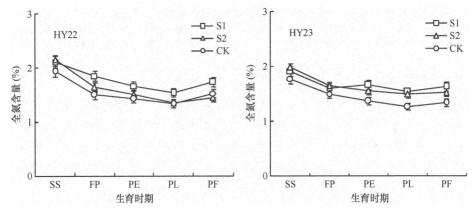

图 3-18　单粒精播对花生根系全氮含量的影响（冯烨，2013）

S1：13 000 株/666.7m², 单粒精播；S2：15 000 株/666.7m², 单粒精播；CK：10 000 穴/666.7m², 双粒穴播；
SS：幼苗期；FP：开花下针期；PE：结荚初期；PL：结荚末期；PF：饱果成熟期

量在饱果成熟期略有上升的原因，可能是花生生育后期叶片大量衰老脱落，蒸腾速率下降，根系中合成的含氮有机物向上运输的动力不足而在根系积累。

（四）单粒精播对花生根系 NR 活性的影响

硝酸还原酶（NR）是植物氮代谢的关键酶，催化 NO_3^- 转化为氨基酸的第一步反应，它是一种限速酶，直接影响蛋白质的合成。在整个生育期内，2 个花生品种根系 NR 活性总体呈下降趋势，生育前期和后期变化较缓，在结荚期下降较为迅速（图 3-19）。单粒精播可明显提高根系中 NR 活性，并且随着单位面积株数的递增其活性呈递减变化趋势。单粒精播 S1 和 S2 处理 5 个生育期，花育 22 号根系 NR 的平均活性分别比 CK 高 20.2%和 11.70%，高于花育 23 号的 17.66%和 11.48%，从结荚初期至结荚末期，花育 22 号单粒精播 S1 和 S2 处理根系 NR 活性的降幅为 42.64%和47.16%，而 CK 的降幅达到 57.52%，花育 23 号也具有相同规律。

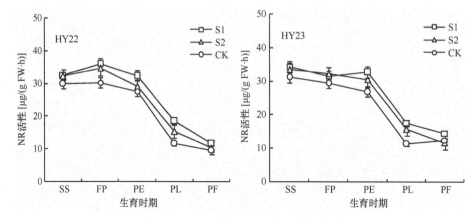

图 3-19 单粒精播对花生根系 NR 活性的影响（冯烨，2013）

S1：13 000 株/666.7m²，单粒精播；S2：15 000 株/666.7m²，单粒精播；CK：10 000 穴/666.7m²，双粒穴播；
SS：幼苗期；FP：开花下针期；PE：结荚初期；PL：结荚末期；PF：饱果成熟期

（五）单粒精播对花生根系 GS 活性的影响

谷氨酰胺合成酶（GS）是参与氮代谢的多功能酶，处于氮代谢中心，主要催化 NH_4^+ 和谷氨酸合成谷氨酰胺，其活性高低影响部分糖代谢和多种氮代谢酶。2 个花生品种根系 GS 活性在整个生育期内呈现先升后降的变化趋势，幼苗期之后增加迅速，在开花下针期达到峰值，之后缓慢降低，结荚末期之后迅速降低（图 3-20）。单、双粒种植处理间差异显著，而 2 个单粒精播处理（S1 和 S2）间差

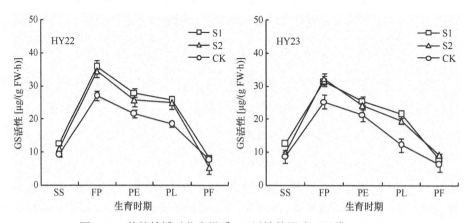

图 3-20 单粒精播对花生根系 GS 活性的影响（冯烨，2013）

S1：13 000 株/666.7m²，单粒精播；S2：15 000 株/666.7m²，单粒精播；CK：10 000 穴/666.7m²，双粒穴播；
SS：幼苗期；FP：开花下针期；PE：结荚初期；PL：结荚末期；PF：饱果成熟期

异未达到显著水平。单粒精播处理可明显提高根系中 GS 活性，S1 处理花育 22 号根系 GS 在 5 个生育期的平均活性为 22.14μg/（gFW·h），是 CK 的 1.31 倍，而花育 23 号则是 1.34 倍。

四、单粒精播对花生根系内源激素调控的影响

花生根系是脱落酸（ABA）、玉米素核苷（ZR）、生长素（IAA）和赤霉素（GA）等内源激素合成的重要场所，之后运输到植株各个部位以多种方式调控着花生的生长发育。不同栽培方式和逆境条件下，花生内源激素含量发生不同程度变化，进而影响各项生理过程（Seki et al.，2007；Liu et al.，2005；王三根，2000；Cui and Xing，2000）。内源激素中 IAA、ZR 和 GA 促进植物生长，延缓衰老；而 ABA 则促进衰老，引起叶片气孔关闭，并对根系的溢泌速率和离子运输产生影响（王忠，2000）。关于根中 IAA 含量的报道多以玉米、大豆、小麦等为材料，而以花生为研究对象的极少，高浓度 IAA 抑制根系生长，较低浓度的 IAA 会增加细根数量；而 ZR 只促进细胞分裂，对细胞伸长无作用。Davies（1995）指出，植物激素间可相互协同又相互拮抗，促进和抑制激素间的比例决定了植物的生长发育。

（一）单粒精播对花生根系 ZR 含量的影响

2 个花生品种根系 ZR 含量在花生生育期内变化规律差别较大，花育 22 号在幼苗期至开花下针期维持一定水平，结荚期升高到较高水平后迅速下降。而花育 23 号则在整个生育期内无明显变化，幼苗期与结荚初期含量水平相当（图 3-21）。单粒精播处理（S1 和 S2）提高了花生根系中 ZR 的含量，且不同处理间差异显著。结荚初期，花育 22 号 S1 和 S2 处理的平均峰值比 CK 高 19.01%，花育 23 号 S1 和 S2 的平均峰值比 CK 高 16.68%。幼苗期和结荚初期分别为植株快速生长时期和荚果快速膨大时期，此时较高的 ZR 含量有利于强根壮苗形成和荚果发育。在整个生育期内，双粒种植处理根系 ZR 含量一直处于较低水平。

（二）单粒精播对花生根系 GA 含量的影响

2 个花生品种根系中 GA 含量的变化规律与 ZR 不同，随着生育期的推进，呈现先升后降的趋势，在结荚初期达到峰值（图 3-22）。不同的是自结荚末期起，花育 22 号根系中 GA 含量基本维持不变，而花育 23 号则仍有较大幅度的下降，其平均下降幅度是花育 22 号的 5.14 倍。单粒精播处理根系中 GA 含量普遍较高，2 个花生品种的 2 个单粒精播处理根系中 GA 含量峰值分别是各自 CK 的 1.32 倍、1.25 倍和 1.25 倍、1.17 倍。单粒精播处理条件下，花育 22 号 S1 处理各个生育期根系 GA 含量平均值比 S2 处理高 6.18%，花育 23 号为 6.92%，无明显差异。

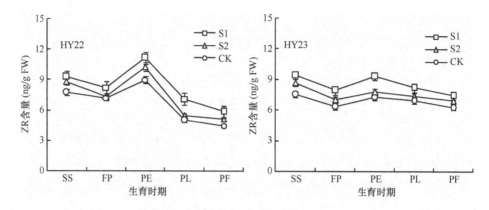

图 3-21　单粒精播对花生根系 ZR 含量的影响（冯烨，2013）

S1：13 000 株/666.7m²，单粒精播；S2：15 000 株/666.7m²，单粒精播；CK：10 000 穴/666.7m²，双粒穴播；
SS：幼苗期；FP：开花下针期；PE：结荚初期；PL：结荚末期；PF：饱果成熟期

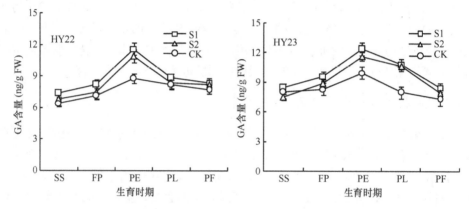

图 3-22　单粒精播对花生根系 GA 含量的影响（冯烨，2013）

S1：13 000 株/666.7m²，单粒精播；S2：15 000 株/666.7m²，单粒精播；CK：10 000 穴/666.7m²，双粒穴播；
SS：幼苗期；FP：开花下针期；PE：结荚初期；PL：结荚末期；PF：饱果成熟期

（三）单粒精播对花生根系 IAA 含量的影响

2 个花生品种根系中 IAA 含量的变化规律与 ZR 相似，在整个生育期内，呈现先降后升再降的变化趋势，在幼苗期和结荚初期的值较高（图 3-23）。花育 22 号根系 IAA 含量，单粒精播（S1 和 S2）在整个生育期内显著高于 CK。结荚初期，S1 和 S2 处理的根系 IAA 含量分别比 CK 高 27.42% 和 12.70%。花育 23 号根系 IAA 含量在不同处理间的变化有所不同，在幼苗期，表现为双粒种植处理高于单粒精播处理，这可能与双粒一穴双株间的竞争生长有关。

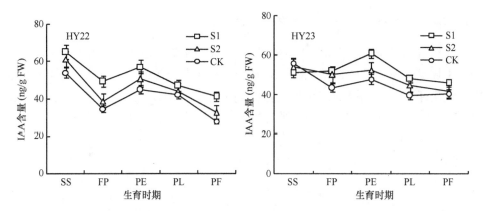

图 3-23 单粒精播对花生根系 IAA 含量的影响（冯烨，2013）

S1: 13 000 株/666.7m², 单粒精播; S2: 15 000 株/666.7m², 单粒精播; CK: 10 000 穴/666.7m², 双粒穴播;

SS: 幼苗期; FP: 开花下针期; PE: 结荚初期; PL: 结荚末期; PF: 饱果成熟期

（四）单粒精播对花生根系 ABA 含量的影响

2 个花生品种根系的 ABA 含量变化规律与其他 3 种激素均不同，随着生育期的推移，总体呈现增加的趋势，至饱果成熟期升至较高水平（图 3-24）。随着单位面积种植株数的增加，ABA 含量呈递增趋势。花育 22 号双粒穴播 CK 处理各个时期 ABA 平均值比 S1 处理高 20.26%，比 S2 处理高 14.14%，高于花育 23 号的18.43% 和 11.39%。从 2 个花生品种不同种植处理根系中 ABA 含量的变化发现，在开花下针期至结荚末期，单粒精播处理的 ABA 上升幅度均显著高于双粒 CK。这可能是因为与双粒种植相比，单粒精播处理不会造成群体郁闭，因而蒸腾速率较大，促进了根系合成 ABA 来控制气孔的开闭，调控花生蒸腾作用。而结荚末期之后，ABA 含量的迅速升高则可能与根系的衰老有关。

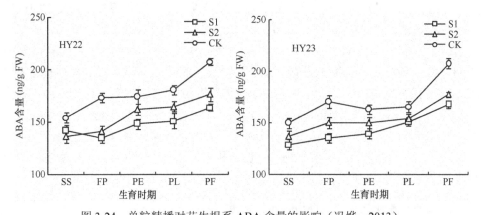

图 3-24 单粒精播对花生根系 ABA 含量的影响（冯烨，2013）

S1: 13 000 株/666.7m², 单粒精播; S2: 15 000 株/666.7m², 单粒精播; CK: 10 000 穴/666.7m², 双粒穴播;

SS: 幼苗期; FP: 开花下针期; PE: 结荚初期; PL: 结荚末期; PF: 饱果成熟期

（五）单粒精播对花生根系 IAA/ZR 值的影响

研究内源激素对侧根发生影响时发现，IAA 和 ZR 是共同作用的，IAA 能诱导侧根原基的发生，而 ZR 则表现出抑制作用。IAA/ZR 值较大时，有利于侧根的发生。花育 22 号根系 IAA/ZR 值整体以单粒精播的 S1 处理较高，而花育 23 号则以 S2 处理较高，不同花生品种根系的生长和侧根的发生对种植方式与密度的响应不同（图 3-25）。

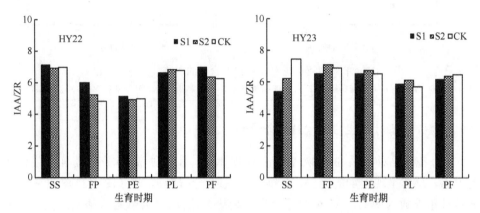

图 3-25 单粒精播对花生根系 IAA 与 ZR 含量比值的影响（冯烨，2013）

S1：13 000 株/666.7m²，单粒精播；S2：15 000 株/666.7m²，单粒精播；CK：10 000 穴/666.7m²，双粒穴播；
SS：幼苗期；FP：开花下针期；PE：结荚初期；PL：结荚末期；PF：饱果成熟期

五、单粒精播对花生根系衰老生理的影响

衰老是植物体走向结构和功能衰退或死亡的变化过程，在植物界中普遍存在。随着对花生衰老研究的不断深入，认为花生结荚期以后即进入逐渐衰老死亡的过程（Sahrawat et al.，1987；Narayanan and Chand，1986）。自由基伤害假说认为，叶片衰老是由于细胞内活性氧产生与清除之间的平衡遭到破坏，膜脂受到过氧化伤害（Fridovich，1975）。而超氧化物歧化酶（SOD）、过氧化物酶（POD）和过氧化氢酶（CAT）等保护酶类在植物体内协同作用，能够清除过量的活性氧，维持活性氧的代谢平衡，从而延缓衰老（Liang et al.，2003）。有关花生保护酶的研究主要集中在叶片上，根系方面的研究较少。花生具有无限生长习性，根系需较长时间地保持较强的吸收能力，它的衰老直接影响干物质的积累和荚果的充实。据研究，根系生理功能衰退的快慢对叶片衰老进程和产量形成有重要影响，此种衰老源于氧代谢失调。

（一）单粒精播对花生根系 SOD 活性的影响

SOD 是生物防御活性氧毒害的关键保护酶之一，主要功能是清除超氧阴离子

自由基（O_2^-），减轻其对细胞的伤害。不同处理未改变 2 个花生品种根系中 SOD 活性的变化规律，其活性均随着生育期推进呈现先增后降的趋势，在开花下针期达到峰值（图 3-26）。花育 22 号单粒精播处理的根系 SOD 活性在幼苗期低于双粒穴播，之后的 4 个生育时期均高于双粒穴播，且差异达到显著水平。S1 处理 SOD 活性峰值为 153.03U/g FW，比 CK 高 27.12%，S2 峰值为 130.59U/g FW，比 CK 高 8.48%。花育 23 号的变化有所不同，全生育期内，单粒精播处理根系 SOD 活性均高于双粒穴播处理，S1 处理 5 个生育期平均 SOD 活性为 99.55U/g FW，比 CK 高 22.56%，S2 比 CK 高 19.11%。

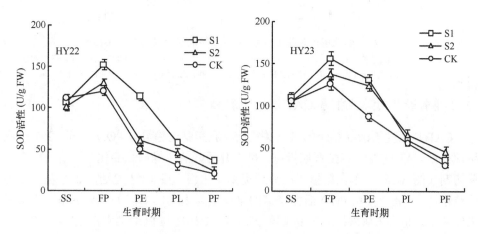

图 3-26　单粒精播对花生根系 SOD 活性的影响（冯烨，2013）

S1：13 000 株/666.7m², 单粒精播；S2：15 000 株/666.7m², 单粒精播；CK：10 000 穴/666.7m², 双粒穴播；SS：幼苗期；FP：开花下针期；PE：结荚初期；PL：结荚末期；PF：饱果成熟期

（二）单粒精播对花生根系 POD 活性的影响

POD 是活性氧清除系统的关键酶，用于清除衰老过程中产生的活性氧，防止膜脂过氧化，减轻其对植物的伤害或延缓衰老过程。2 个花生品种根系 POD 活性在整个生育期内均呈现双峰曲线变化，峰值出现在开花下针期和结荚末期（图 3-27）。花育 22 号 CK 的根系中 POD 在开花下针期之前表现出较高的活性，之后迅速下降，至结荚末期第二个高峰之后明显低于单粒精播处理。S1 处理根系 POD 平均活性为 51.57ΔA_{470}/（g FW·min），比 CK 高 8.49%。花育 23 号 CK 根系 POD 仅在开花下针期表现出较高活性，其他时期均低于单粒精播处理，这可能是由于双粒种植生长空间的限制使根系产生了较多活性氧，提高了开花下针期根系 POD 活性。

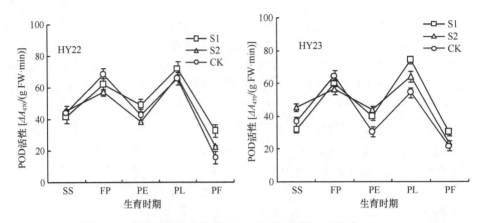

图 3-27　单粒精播对花生根系 POD 活性的影响（冯烨，2013）

S1：13 000 株/666.7m²，单粒精播；S2：15 000 株/666.7m²，单粒精播；CK：10 000 穴/666.7m²，双粒穴播；

SS：幼苗期；FP：开花下针期；PE：结荚初期；PL：结荚末期；PF：饱果成熟期

（三）单粒精播对花生根系 CAT 活性的影响

CAT 是活性氧清除系统的又一关键酶，但其变化趋势与 POD 不同，2 个花生品种根系 CAT 活性随着生育期推进，呈先升后降的单峰曲线变化，峰值出现在结荚初期（图 3-28）。单粒精播可明显地提高花生根系中 CAT 活性，2 个花生品种单粒精播 S1 处理根系 POD 活性峰值的平均值为 $14.61\Delta A_{240}/$（g FW·min），比 CK 峰值的平均值高 6.90%。进一步比较分析，CAT 活性与 POD 活性存在一定的互补性，在花生生育后期 CAT 活性有所下降，而 POD 同样可以完成 CAT 清除 H_2O_2 的功能，因此出现了第 2 个 POD 活性的峰值。

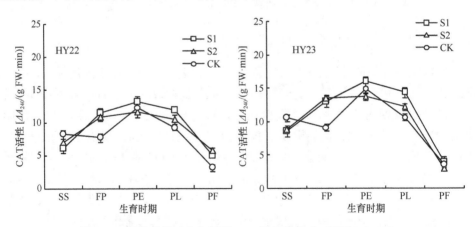

图 3-28　单粒精播对花生根系 CAT 活性的影响（冯烨，2013）

S1：13 000 株/666.7m²，单粒精播；S2：15 000 株/666.7m²，单粒精播；CK：10 000 穴/666.7m²，双粒穴播；

SS：幼苗期；FP：开花下针期；PE：结荚初期；PL：结荚末期；PF：饱果成熟期

（四）单粒精播对花生根系 MDA 含量的影响

丙二醛（MDA）是植物膜脂过氧化作用的最终产物，其含量高低可反映植株抗氧化能力和生理代谢的强弱。2 个花生品种花育 22 号和花育 23 号，根系 MDA 含量随生育期推进均呈现持续升高的趋势，结荚初期之前积累缓慢，结荚末期之后迅速增加，结荚初期之后，单、双粒种植处理间差异显著（图 3-29）。单粒精播可明显减少花生生育后期根系 MDA 的含量，双粒穴播处理 2 个花生品种在饱果成熟期根系中积累的 MDA 含量分别为 19.28μmol/g FW 和 23.61μmol/g FW，分别比各自单粒精播（S1、S2）处理高 47.14%、31.66%和 31.72%、24.03%。

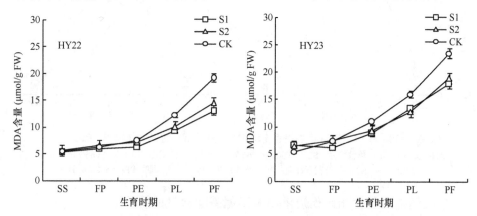

图 3-29　单粒精播对花生根系 MDA 含量的影响（冯烨，2013）

S1：13 000 株/666.7m²，单粒精播；S2：15 000 株/666.7m²，单粒精播；CK：10 000 穴/666.7m²，双粒穴播；
SS：幼苗期；FP：开花下针期；PE：结荚初期；PL：结荚末期；PF：饱果成熟期

第三节　单粒精播对花生根系伤流的影响

根系是植株吸收生长所需水分和养分的主要器官，是决定花生地上部生长和产量的重要因素。由于根系不容易观测和取样，可以借助伤流强度以及伤流液的成分来表征根系的生长状况与活力水平。通过分析伤流液的成分，可帮助了解植物内部的物质循环和转化情况。在伤流液及其组分的研究中，对棉花、水稻和玉米等的研究较多，而对花生的研究较少。

一、单粒精播对花生根系伤流强度的影响

根系伤流液中含有大量的无机盐、有机物和植物激素，伤流强度的大小在很大程度上反映了根系生长状况的好坏。2 个花生品种根系在胚轴切断后 0～4h 的伤流强度随着生育期的推进，均呈先增后减的趋势，在结荚初期伤流强度最大，至饱果成熟期已基本无伤流液流出，幼苗期至结荚末期不同处理间伤流强度差异显著

（图 3-30）。单粒精播可显著提高花生各个时期根系的伤流强度，并且单粒精播条件下，低密度种植有利于根系伤流强度的提高。花育 22 号 S1 处理在 5 个生育期内平均伤流强度为 0.39ml/（株·h），比双粒 CK 高 90.34%，比同为单粒精播的高密度处理 S2 高 23.85%，花育 23 号也具有相似规律。

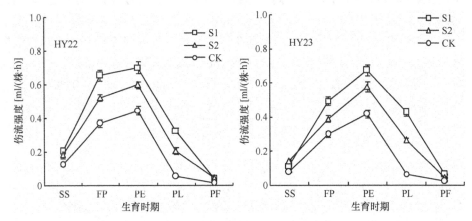

图 3-30　单粒精播对花生根系伤流强度（0～4h）的影响（冯烨，2013）

S1：13 000 株/666.7m²，单粒精播；S2：15 000 株/666.7m²，单粒精播；CK：10 000 穴/666.7m²，双粒穴播；

SS：幼苗期；FP：开花下针期；PE：结荚初期；PL：结荚末期；PF：饱果成熟期

二、单粒精播对花生根系伤流液中游离氨基酸含量的影响

2 个花生品种根系伤流液中游离氨基酸含量的变化与根系中的变化趋势有所不同，在整个生育期内呈现先升后降的单峰曲线变化，在结荚初期达到峰值，之后迅速下降到较低水平（图 3-31）。幼苗期至开花下针期，花育 22 号以双粒种植的游离氨基酸含量最高，之后单粒精播处理表现出明显优势，而花育 23 号在整个生育期内单粒精播处理均高于双粒 CK。

三、单粒精播对花生根系伤流液中可溶性总糖含量的影响

2 个花生品种根系伤流液中可溶性总糖含量与根系中可溶性总糖含量的变化趋势一致，在幼苗期至结荚初期缓慢上升，结荚末期之后迅速下降到较低水平，花育 22 号的降低幅度明显大于花育 23 号花生品种（图 3-32）。单粒精播处理可显著提高花生根系伤流液中可溶性总糖的含量，2 个花生品种双粒 CK 各个时期的平均值为 0.66mg/ml 和 0.68mg/ml，分别比各自的 S1 处理低 6.63% 和 4.82%。花育 22 号单粒精播处理在开花下针期至结荚末期优势明显，而花育 23 号在开花下针期至结荚初期表现出明显优势。各个生育期花育 22 号单粒精播处理 S1 的平均值为 0.70mg/ml，花育 23 号为 0.72mg/ml，无明显差异。

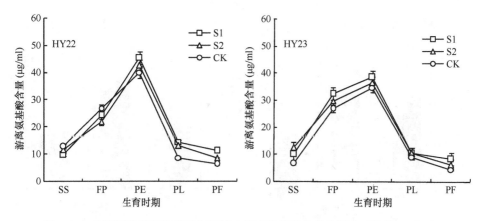

图 3-31　单粒精播对花生根系伤流液中游离氨基酸含量的影响（冯烨，2013）

S1：13 000 株/666.7m²，单粒精播；S2：15 000 株/666.7m²，单粒精播；CK：10 000 穴/666.7m²，双粒穴播；
SS：幼苗期；FP：开花下针期；PE：结荚初期；PL：结荚末期；PF：饱果成熟期

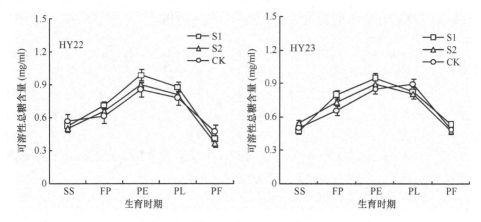

图 3-32　单粒精播对花生根系伤流液中可溶性总糖含量的影响（冯烨，2013）

S1：13 000 株/666.7m²，单粒精播；S2：15 000 株/666.7m²，单粒精播；CK：10 000 穴/666.7m²，双粒穴播；
SS：幼苗期；FP：开花下针期；PE：结荚初期；PL：结荚末期；PF：饱果成熟期

四、单粒精播对花生根系伤流液中矿质元素含量的影响

（一）单粒精播对花生根系伤流液中 K^+ 含量的影响

钾并非有机化合物的成分，呈离子状态溶于植物汁液中，对促进光合作用和氮素吸收具有重要作用。在开花下针期、结荚初期和结荚末期 3 个生育期，根系伤流液中 K^+ 含量，以结荚初期较高（图 3-33）。单粒精播可显著提高花生根系伤流液中 K^+ 含量，花育 22 号单粒精播的 S1 处理，3 个时期 K^+ 的平均含量为 188.74μg/ml，是 S2 和 CK 的 1.15 倍和 1.61 倍，高于花育 23 号的 1.06 倍和 1.40 倍，不同密度单粒精播对花育 22 号根系伤流液中 K^+ 含量的影响比对花育 23 号的影响大。

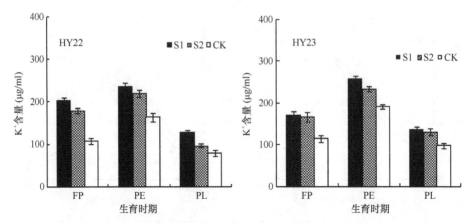

图 3-33 单粒精播对花生根系伤流液中 K⁺含量的影响（冯烨，2013）

S1：13 000 株/666.7m²，单粒精播；S2：15 000 株/666.7m²，单粒精播；CK：10 000 穴/666.7m²，双粒穴播；
FP：开花下针期；PE：结荚初期；PL：结荚末期

（二）单粒精播对花生根系伤流液中 Mg²⁺含量的影响

2 个花生品种根系伤流液中 Mg²⁺含量在开花下针期较高，进入结荚期后缓慢降低，至结荚末期降到较低水平（图 3-34）。单粒精播可明显提高花育 22 号在开花下针期和结荚初期的 Mg²⁺含量，在开花下针期和结荚初期，单粒精播处理 S1 的平均 Mg²⁺含量分别比 S2 和 CK 处理提高 3.95%和 32.22%。单粒精播可提高花育 23 号在结荚初期的 Mg²⁺含量，处理 S1 根系伤流液中 Mg²⁺含量是 S2 和 CK 的 1.07 倍和 1.14 倍。在结荚末期 2 个花生品种双粒 CK 根系伤流液中 Mg²⁺含量均高于单粒精播处理，可能与该时期伤流强度较低有关。

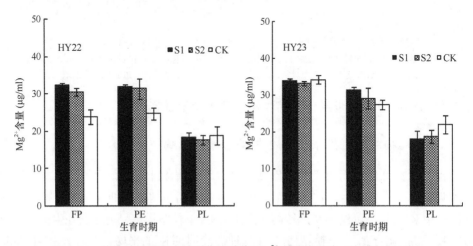

图 3-34 单粒精播对花生根系伤流液中 Mg²⁺含量的影响（冯烨，2013）

S1：13 000 株/666.7m²，单粒精播；S2：15 000 株/666.7m²，单粒精播；CK：10 000 穴/666.7m²，双粒穴播；
FP：开花下针期；PE：结荚初期；PL：结荚末期

（三）单粒精播对花生根系伤流液中 Ca^{2+} 含量的影响

花生是喜钙作物，钙是花生生长发育过程中需求量较大的元素之一，它能够改善花生品质，有效防止花生荚果的空秕。2 个花生品种根系伤流液中 Ca^{2+} 含量均以结荚初期最大，单粒精播可显著提高伤流液中 Ca^{2+} 含量（图 3-35）。花育 22 号在开花下针期和结荚初期根系伤流液中 Ca^{2+} 含量表现为 S1 > S2 > CK，在开花下针期各处理间差异显著，至结荚初期单粒精播两个处理间无明显差异。但由于处理 S1 伤流液总量比 S2 大，因此 S1 比 S2 仍然表现出较大优势，花育 23 号表现相同。

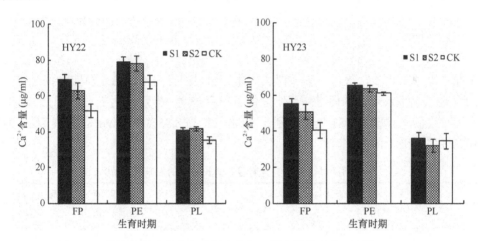

图 3-35　单粒精播对花生根系伤流液中 Ca^{2+} 含量的影响（冯烨，2013）
S1：13 000 株/666.7m²，单粒精播；S2：15 000 株/666.7m²，单粒精播；CK：10 000 穴/666.7m²，双粒穴播；
FP：开花下针期；PE：结荚初期；PL：结荚末期

第四节　单粒精播对花生根冠关系的影响

花生植株的根冠关系受其自身的遗传特性控制，而当环境条件发生变化时，根冠遗传基础固有的相互关系会受到影响。在追求结果功能动态平衡的过程中，根、冠间就出现了对不同环境因素的响应关系，即根系和冠层产生了此消彼长的关系。适宜的密度能明显促进根量的增长，增加根冠比，保障地上部生长所需的养分供给，有利于作物高产。在研究花生根冠相关性时指出，叶片的衰老与根系的生长状况关系密切。当根系生长受限时往往会加速叶片的衰老，而发育良好的根系则可以延缓叶片衰老（洪彦彬等，2009）。因此，协调好根系和叶片间的相关关系，保证足够长的叶面积持续期和叶片功能期，是提高产量的重要措施。

一、单粒精播对花生根冠消长关系的影响

单粒精播显著改善干物质在根、冠之间的分配比例（表3-1）。单粒精播条件下，2个花生品种在幼苗期和开花下针期分配到根系中的干物质比例均较大，单粒精播促进了根系的生长，降低了干物质分配到茎叶中的比例。而在结荚期则对物质在根冠的分配比例影响较小，但就绝对生长量而言，单粒精播显著提高了花生根冠的干物质含量，呈现出根强苗壮的特点。饱果成熟期时，花育22号单粒精播处理（S1和S2）的根系生物量是幼苗期的2.79倍和2.57倍，而双粒CK仅为1.87倍，单粒精播不仅在前期促进了根系生长，还延缓了根系后期的衰老死亡。饱果成熟期，2个品种的根系干物质分配比例均降低到10%以下，是因为叶片同化的大量干物质大部分转入荚果，根系的生长受到抑制，根系不同程度的衰亡。2个花生品种间比较，根冠干物质消长规律无明显差异，不同的是单粒精播对花育22号幼苗期根系生长的促进作用明显优于花育23号，花育22号在此时期R/(R+S)在各处理间差异较大，S1处理分别比S2和CK高8.35%和10.98%，而花育23号仅为3.27%和0.48%。

表3-1　单粒精播对花生全生育期根冠消长规律的影响（冯烨，2013）

品种	生育时期	处理	根重(R)(g/株)	冠重(S)(g/株)	总干重(R+S)(g/株)	R/(R+S)(%)	S/(R+S)(%)
花育 22号	SS	S1	1.01	6.62	7.63	13.24	86.76
		S2	0.88	6.32	7.20	12.22	87.78
		CK	0.76	5.61	6.37	11.93	88.10
	FP	S1	2.49	19.25	21.74	11.45	88.55
		S2	2.13	17.25	19.38	11.00	89.01
		CK	1.70	14.35	16.05	10.59	89.41
	PE	S1	3.37	29.06	32.43	10.39	89.61
		S2	2.92	26.77	29.69	9.83	90.17
		CK	2.21	21.15	23.36	9.46	90.54
	PL	S1	3.29	30.94	34.23	9.61	90.39
		S2	2.80	27.29	30.09	9.31	90.69
		CK	1.97	21.39	23.36	8.43	91.57
	PF	S1	2.82	29.39	32.21	8.76	91.24
		S2	2.26	25.66	27.92	8.10	91.91
		CK	1.42	19.58	21.00	6.76	93.24
花育 23号	SS	S1	0.91	5.35	6.26	14.54	85.46
		S2	0.87	5.31	6.18	14.08	85.92
		CK	0.80	4.73	5.53	14.47	85.53

续表

品种	生育时期	处理	根重（R）(g/株)	冠重（S）(g/株)	总干重（R+S）(g/株)	R/（R+S）(%)	S/（R+S）(%)
花育23号	FP	S1	2.21	16.01	18.22	12.13	87.87
		S2	1.97	14.56	16.53	11.92	88.08
		CK	1.67	12.85	14.52	11.50	88.50
	PE	S1	3.17	26.92	30.09	10.54	89.46
		S2	2.82	26.17	28.99	9.73	90.27
		CK	2.11	19.86	21.97	9.60	90.40
	PL	S1	2.92	26.09	29.01	10.07	89.93
		S2	2.72	26.07	28.79	9.45	90.55
		CK	1.83	19.53	21.36	8.57	91.43
	PF	S1	2.34	22.53	24.87	9.41	90.59
		S2	2.09	23.28	25.37	8.24	91.76
		CK	1.18	16.00	17.18	6.87	93.13

注：S1：13 000 株/666.7m²，单粒精播；S2：15 000 株/666.7m²，单粒精播；CK：10 000 穴/666.7m²，双粒穴播；SS：幼苗期；FP：开花下针期；PE：结荚初期；PL：结荚末期；PF：饱果成熟期

二、单粒精播对花生根冠比的影响

由于开花下针期之后根系生长速率快速下降，因此生育期内根冠比表现为逐渐下降的变化趋势（图3-36）。2个花生品种的根冠比在幼苗期最大，而后逐渐降低。随着单位面积种植株数的增加，3个处理的根冠比依次降低。结荚初期之后，各处理间差异达显著水平。单粒精播处理较高的根系生长速率，使得其根冠比在整个取样期内都高于双粒穴播CK，且随着生育期的推进优势更为明显。与CK相

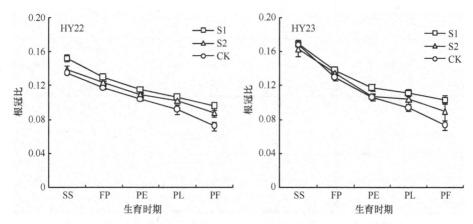

图3-36　单粒精播对花生根冠比的影响（冯烨，2013）

S1：13 000 株/666.7m²，单粒精播；S2：15 000 株/666.7m²，单粒精播；CK：10 000 穴/666.7m²，双粒穴播；SS：幼苗期；FP：开花下针期；PE：结荚初期；PL：结荚末期；PF：饱果成熟期

比，花育 22 号的 S1 和 S2 处理平均根冠比分别提高了 14.88%和 7.73%，均高于花育 23 号的 12.03%和 4.94%。单粒精播处理在生长初期以根系的快速生长为主，且在生育后期根系的衰老死亡速率较慢，保证了地上部养分的供给及物质的同化。同时，不同种植方式对花育 22 号根冠比的影响大于其对花育 23 号的影响。

三、单粒精播对花生根系形态与地上部性状相关关系的影响

较大的叶面积和较多的主茎绿叶数是花生高产的前提，据研究，花生根系的生长和地上部性状有显著相关性。单、双粒种植对 2 个花生品种根系形态与叶面积及主茎绿叶数的相关性有明显影响（表 3-2）。花育 22 号的叶面积在单粒精播条件下，与根长呈显著正相关，与根系吸收面积呈极显著正相关，而双粒穴播条件下仅与根体积呈显著正相关关系。主茎绿叶数在 3 个处理下，均只和根系吸收面积呈显著正相关关系，但以 S1 处理的相关系数最大（0.954）。花育 23 号的叶面积在 S1 处理条件下，与根长、根体积、根系吸收面积、根干重呈显著正相关关系，在 S2 处理下与根长、根体积呈显著正相关，与根直径呈极显著负相关，与根系吸收面积呈极显著正相关，而在 CK 下仅与根直径呈显著负相关。主茎绿叶数在单粒精播条件下均与根长和根体积呈正显著相关，和根系吸收面积呈极显著正相关，在双粒种植条件下仅与根系吸收面积呈显著正相关。因此，单粒精播可提高花生

表 3-2　单粒精播对花生根系形态与地上部性状相关关系的影响（冯烨，2013）

品种	地上部性状	处理	根系形态性状				
			根长	根直径	根体积	根系吸收面积	根干重
花育 22 号	叶面积	S1	0.958*	−0.843	0.936*	0.975**	0.943*
		S2	0.892*	−0.849	0.847	0.987**	0.822
		CK	0.841	−0.797	0.879*	0.715	0.861
	主茎绿叶数	S1	0.815	−0.748	0.875	0.954*	0.841
		S2	0.733	−0.728	0.826	0.936*	0.656
		CK	0.630	−0.668	0.718	0.903*	0.567
花育 23 号	叶面积	S1	0.957*	−0.582	0.894*	0.926*	0.910*
		S2	0.891*	−0.976**	0.879*	0.985**	0.677
		CK	0.491	−0.927*	0.649	0.832	0.501
	主茎绿叶数	S1	0.900*	−0.688	0.908*	0.979**	0.738
		S2	0.909*	−0.942*	0.883*	0.981**	0.715
		CK	0.877	−0.727	0.874	0.911*	0.870

注：S1：13 000 株/666.7m²，单粒精播；S2：15 000 株/666.7m²，单粒精播；CK：10 000 穴/666.7m²，双粒穴播；SS：幼苗期；FP：开花下针期；PE：结荚初期；PL：结荚末期；PF：饱果成熟期；*表示差异达显著水平；**表示差异达极显著水平

叶面积和主茎绿叶数与根系形态性状的相关性,特别是与根系吸收面积的相关性。在花生整个生育期内,根系与地上部叶片生长的关系相协调。在营养生长阶段,根系形态性状是影响地上部叶片生长的重要因子,而生育后期较大的根系吸收面积有利于延长根系寿命,进而延长地上部绿色叶片叶面积持续时间,为荚果的生长发育奠定物质基础。

总之,花生单粒精播条件下,根系生长健壮,根系活力水平提高,改善了碳氮代谢和激素调控,延缓了根系的衰老。由于根系和地上部相互促进和协调生长,冠层结构得到优化,花生具有较高的荚果干物质积累速率,充分发挥了单株生产潜力,因而能够在减少每公顷株数的前提下,实现花生高产稳产。由于花育23号的单株增产潜力小于花育22号,因此,在花生生产上推广单粒精播技术时,小粒花生要保证足够的单粒精播密度才能达到花生高产和稳产。但为了追求单粒精播更高的节本增产效果,宜选用单株增产潜力大的品种。

参 考 文 献

冯烨. 2013. 单粒精播对花生根系生长生理、根冠关系和产量的影响. 青岛: 青岛农业大学硕士学位论文.

郭峰. 2007. 套种对花生生理生化特性的影响. 青岛: 青岛农业大学硕士学位论文.

郭峰, 万书波, 王才斌, 等. 2009. 麦套花生氮素代谢及相关酶活性变化研究. 植物营养与肥料学报, 15(2): 416-421.

洪彦彬, 周桂元, 李少雄, 等. 2009. 花生根部特征与地上部分性状的相关性分析. 热带作物学报, 30(5): 657-660.

李尚霞, 封海胜, 宫清轩, 等. 2005. 花生不同类型品种根系生育特性研究. 花生学报, 34(3): 26-29.

李向东, 王启柏, 张高英, 等. 1995. 花生根系在土壤中垂直分布特性的研究. 中国油料, (4): 18-22.

李向东, 王晓云, 张高英. 2000. 花生衰老的氮素调控. 中国农业科学, 33(5): 30-35.

李向东, 王晓云, 张高英, 等. 2001. 花生衰老进程的研究. 西北植物学报, 21(6): 1169-1175.

李韵珠, 王凤仙, 刘来华. 1999. 土壤水氮资源的利用与管理 I. 土壤水氮条件与根系生长. 植物营养与肥料学报, 5(3): 206.

林国林, 赵坤, 蒋春姬, 等. 2012. 种植密度和施氮水平对花生根系生长及产量的影响. 土壤通报, 43(5): 1183-1186.

聂呈荣, 凌菱生. 1998. 花生不同密度群体施用植物生长调节剂对生长发育和氮素代谢的影响. 中国油料作物学报, 20(4): 47-51.

任小平, 姜慧芳, 廖伯寿. 2006. 不同类型花生根部性状的初步研究. 中国油料作物学报, 28(1): 16-20.

宋亚娜, 郑伟文, 王贺. 2001. AM 菌根和花生/小麦间作对花生根系质外体铁库形成的影响. 中国农业科学, 34(5): 568-571.

王才斌, 万书波. 2011. 花生生理生态学. 北京: 中国农业出版社.

王三根. 2000. 细胞分裂素在植物抗逆和延衰中的作用. 植物学通报, 1(2): 121-126.

王小纯, 陈红卫, 董连心, 等. 2001. 不同花生品种荚果发育过程及根叶某些生理指标的变化. 河南农业大学学报, 35(4): 313-316.

王忠. 2000. 植物生理学. 北京: 中国农业出版社.

夏叔芳, 于新建, 张振清. 1981. 叶片光合产物输出的抑制与淀粉和蔗糖的积累. 植物生理学报, 7(2): 135-141.

徐亮, 王月福, 程曦, 等. 2009. 施磷对花生根系生长发育和产量的影响. 花生学报, 38(1): 32-35.

杨晓康, 柴沙沙, 李艳红, 等. 2012. 不同生育时期干旱对花生根系生理特性及产量的影响. 花生学报, (2): 20-23.

姚春梅, 杨培岭, 郝仲勇, 等. 1999. 不同水分条件下沙地花生的根冠发育动态分析. 中国农业大学学报, 4(4): 40-44.

张福锁. 1992. 土壤与植物营养研究新动态(第1卷). 北京: 北京农业大学出版社: 73-82.

张智猛, 戴良香, 胡昌浩, 等. 2005. 氮素对不同类型玉米蛋白质及其组分和相关酶活性的影响. 植物营养与肥料学报, 11(3): 320-326.

张智猛, 张威, 胡文广, 等. 2006. 高产花生氮素代谢相关酶活性变化的研究. 花生学报, 35(1): 8-12.

赵坤, 李红婷. 2011. 不同密度和氮肥水平对花生苗期根的影响. 农业科技与装备, (6): 7-8.

左元梅, 王贺, 李晓林, 等. 1998. 石灰性土壤上玉米/花生间作对花生根系形态变化和生理反应的影响. 作物学报, (5): 558-563.

Cui K R, Xing G K. 2000. The induced and regulatory effect of plant hormones in somatic embryogesis. Hereditasa, 2(5): 349-354.

Davies P J. 1995. Plant Hormone Physiology, Biochemistry and Molecular Biology. Dordrecht: Kluwer Academic Publ.

Fridovich I. 1975. Superoxide dismutases. Ann Rev Biochem, 44: 147-159.

Hameed A, Reid J B, Rowee R N. 1987. Root confinement and its effects on the water relations, growth and assimilate partitioning of tomato (*Lycopersicon esculentum* Mill). Annals of Botany, 59: 685-692.

Jongrungklanga N, Toomsana B, Vorasoota N, et al. 2012. Classification of root distribution patterns and their contributions to yield in peanut genotypes under mid-season drought stress. Field Crops Research, 127(2): 181-190.

Liang Y C, Chen Q, Liu Q, et al. 2003. Exogenous silicon increases antioxidant enzyme activity and reduces lipid per oxidation in roots of salt stressed barley (*Hordeum vulgare* L.). J Plant Physiol, 160: 1157-1164.

Liu J, Jiang M Y, Zhou Y F, et al. 2005. Production of ployamines is enhanced by endogenous abscisic acid in maize seedlings subjected to salt stress. JIPB, 47(11): 1326-1334.

Narayanan A, Chand L K. 1986. The nature of leaf senescence in groundnut (*Arachis hypogaea* L.) genotypes. Indian Journal of Plant Physiol, 29(2): 125-132.

Sahrawat K L, Rao J K, Burford J R. 1987. Elemental composition of groundnut leaves as affected by age and iron chlorosis. Journal of Agronomy and Crop Science, 10(9): 1041-1049.

Seki M, Umezawa T, Urano K, et al. 2007. Regulatory metabolic networks in drought stress responses. Curr Opin Plant Biol, 10(3): 296-302.

Songsria P, Jogloya S, Holbrookb C C, et al. 2009. Association of root, specific leaf area and SPAD chlorophyll meter reading to water use efficiency of peanut under different available soil water. Agricultural Water Management, 96(5): 790-798.

Wright G C, Rao R C N, Farquhar G D. 1994. Water-use efficiency and carbon isotope discrimination in peanut under water deficit conditions. Crop Science, 34(1): 92-97.

第四章 单粒精播对花生植株性状和群体质量的调控

作物群体质量是反映群体发育好坏的多项指标的综合体现,是由凌启鸿先生在水稻叶龄模式的基础上首先提出的。实际生产上提高作物群体质量就是指不断优化群体结构,以达到实现作物优质高产的各项形态及生理指标(凌启鸿,1993)。其中,良好的植株发育状况、合理的叶面积指数及发展动态、发达的根系及较高的吸收能力和干物质积累能力等,是作物高产的重要群体质量性状。近年来,随着栽培技术的不断发展与创新,花生产量水平不断提高。在不增加农业资源投入的前提下,通过构建合理的群体结构,充分发挥单株生产潜力,提高生育期内花生群体质量水平,是获得花生产量突破的重要途径。

花生单粒精播可协调群体与个体的关系,挖掘个体的生产潜力,优化群体结构,从而实现花生高产。为探明单粒精播对花生整个生育期群体质量的调控效应,研究了不同密度单粒精播对植株农艺性状和群体质量的影响。试验设置高、中、低 3 个密度的单粒精播处理,分别为 27 万粒/hm^2(S1)、22.5 万粒/hm^2(S2)和 18 万粒/hm^2(S3),每穴播种一粒,穴距分别为 9.3cm、11.1cm 和 13.9cm;以传统双粒穴播作对照(CK),种植密度是 27 万粒/hm^2,每穴两粒,穴距为 18.6cm。

第一节 单粒精播对花生植株农艺性状的影响

植株农艺性状优劣是判断植株生长发育好坏和能否获得高产的重要指标。个体生长健壮、群体发育良好是作物实现高产的基础。合理的密度和田间配置能使植株个体发育良好,群体结构合理,从而优化花生对外界环境因子的调控。

一、主茎高和侧枝长

植株高度是花生植株重要农艺性状之一,它直接关系着花生冠层透光状况及植株抗倒伏性。土壤肥水条件好、温度高和群体密度较大,均能促进主茎高及侧枝长的增加。植株高度可反映花生植株个体发育状况,但是过高或过低的植株高度均不利于花生产量的提高。丛生型品种主茎高度以 40~50cm 为宜,超过 50cm 存在旺长趋势,应采取一定措施防止倒伏。主茎高度不足 30cm,植株营养发育不良,应采取以促为主的栽培措施(王才斌和万书波,2011)。

单粒精播对花生主茎高及侧枝长具有显著的影响（图 4-1）。出苗后 30d，不同密度单粒精播 S1、S2、S3 的主茎高和侧枝长与 CK 相比，均表现出增高的趋势，苗期单粒精播促进了植株高度的增加。出苗后 50d，3 个密度单粒精播主茎高及侧枝长均随着密度的减少而降低。其中，S1 高于 CK，S2 与 CK 差异不显著，S3 低于 CK，主茎高与侧枝长基本表现一致。在密度不变的情况下，花生由双粒穴播改为单粒精播，增加了收获时植株高度。而双粒穴播改为单粒精播，适当降低密度植株高度无显著变化。而密度继续降低，植株高度也随之下降，花生植株高度除了受播种密度影响外，还受播种方式的调控。

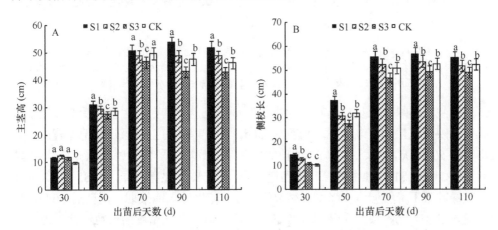

图 4-1　花生主茎高（A）及侧枝长（B）差异（梁晓艳，2016）

S1：单粒精播 27 万粒/hm^2；S2：单粒精播 22.5 万粒/hm^2；S3：单粒精播 18 万粒/hm^2；CK：双粒穴播 27 万粒/hm^2；不同小写字母表示同一生育时期不同处理间在 $P < 0.05$ 水平上差异显著

二、分枝数和主茎绿叶数

花生分枝数的多少反映了植株的健壮程度及生产能力，其受种植方式及种植密度的影响较大。孙玉桃等（2007）研究发现，花生穴播 3 粒或 2 粒，均会造成个体间拥挤，从而抑制植株分枝数的增加，而单粒精播有利于促进分枝数的增加。花生密度过大，植株间为了竞争光照而发生徒长，分枝数的增加则相对受到抑制。

花生同一品种分枝数受群体密度的影响较大，密度过大，容易造成花生单株分枝数减少（图 4-2）。不同处理之间花生分枝数存在明显的差异，苗期（出苗后 30d），不同密度单粒精播处理 S1、S2 和 S3 的分枝数均不同程度高于 CK，其中，S3 处理增加幅度最大，S1 处理增加幅度最小。从花针期（出苗后 50d）到成熟期（出苗后 110d），S2 和 S3 处理的分枝数均显著高于 CK，而 S1 处理与 CK 基本无显著差异。高密度的单粒精播在苗期分枝数与 CK 相比有所增加，但是由于密度过大，随着花生生育进程的推进，花生分枝数增加较少。

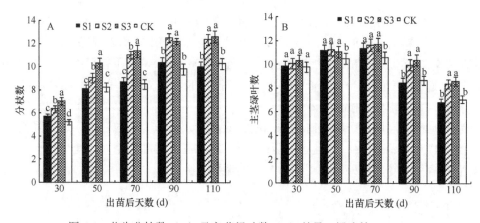

图 4-2 花生分枝数（A）及主茎绿叶数（B）差异（梁晓艳，2016）

S1：单粒精播 27 万粒/hm²；S2：单粒精播 22.5 万粒/hm²；S3：单粒精播 18 万粒/hm²；CK：双粒穴播 27 万粒/hm²；

不同小写字母表示同一生育时期不同处理间在 $P < 0.05$ 水平上差异显著

　　花生主茎绿叶数反映了花生的生长发育状况，尤其在花生生育后期，主茎绿叶数反映了花生的衰老状况。出苗后 30d，各处理之间主茎绿叶数无显著差异。出苗后 50～70d，S1、S2 和 S3 处理的主茎绿叶数均不同程度显著高于 CK。出苗后 90～110d，S1 处理主茎绿叶数迅速下降，与 CK 无显著差异，而 S2 和 S3 处理主茎绿叶数下降缓慢，二者均显著高于 CK。花生进入饱果期（出苗后 90d），植株进入迅速衰老阶段，主茎绿叶数迅速下降，适当降低密度的单粒精播处理能延缓后期叶片的衰老脱落，提高了生育后期光合叶源的数量。

第二节 单粒精播对花生单株叶面积和 LAI 的影响

　　叶片是作物进行光合作用和制造有机物的重要场所，叶面积指数（LAI）作为反映作物群体质量的重要指标，直接影响作物产量的高低。叶面积指数受单株叶面积和群体密度共同影响，单株叶面积增加或者群体密度增加，都能提高花生叶面积指数。而单株叶面积的多少与植株发育状况有密切关系，受种植方式和种植密度的调控。叶面积指数越大，光照截获量就越高，漏射到地面的光就越少。但叶面积指数的不断增大，会造成冠层对光的遮挡率过高，导致冠层下部叶片受光条件差，不能达到光饱和点，进而增加了叶片的呼吸消耗，不利于光合产物的合成与积累。而叶面积指数过小则会造成大量光照射到地面而损失浪费，使群体同化物总量降低。因此，建立一个适宜的群体叶面积指数，能有效提高光合产物的积累及光资源的充分利用。理想的群体叶面积发展动态应是前快、中稳、后不衰。而要达到这样的效果，合理密植、建立合理的群体结构是最为经济有效的措施。

　　花生单株叶面积指单株花生全部叶片的总面积，其大小反映了植株个体发育的水平及光合能力的强弱。不同密度单粒精播处理在花生生育期内单株叶面积及叶面积指数均呈先升高后降低的趋势（图4-3）。不同处理之间单株叶面积差异较为明显。出苗后30d，各处理间差异较小，只有S3显著高于CK。出苗后50d，S2和S3单株叶面积迅速增加，均显著高于CK，而S1略高于CK，差异不显著。进入结荚期（出苗后70d），单株叶面积达到峰值，S1、S2和S3的单株叶面积均显著高于CK，之后叶面积开始下降。其中，S2和S3下降较为缓慢，S1下降较为迅速。出苗90d之后，S2和S3显著高于CK，而S1与CK之间无显著差异。

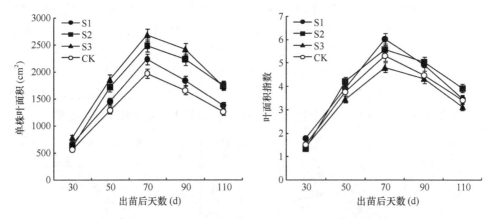

图4-3　花生单株叶面积（A）及LAI（B）差异（梁晓艳，2016）

S1：单粒精播27万粒/hm^2；S2：单粒精播22.5万粒/hm^2；S3：单粒精播18万粒/hm^2；CK：双粒穴播27万粒/hm^2

叶面积指数（LAI）代表叶片面积与所占土地面积的比值，它与作物群体光合强度及物质生产水平关系紧密，是评价作物生长发育与产量水平的重要指标。花生出苗后30~50d，各处理间LAI差异较小，其中，S3处理LAI低于其他处理。进入结荚期（出苗后70d），各处理间表现出明显差异，S1处理的LAI最高，达6.0，其次是S2，为5.6，略高于CK，S3最低，为4.8，显著低于CK。结荚期之后，S1和CK的LAI均迅速下降，而S2和S3下降较为缓慢。到成熟期（出苗后110d），S2仍然保持较高的LAI值（3.9），而其他各处理均不足3.5，S2处理LAI>3.5的持续期大于其他各处理。适宜的LAI和较长LAI持续期是花生获得高产的重要基础，花生单粒精播处理S2不仅具有合理的LAI峰值，而且具有较长的高LAI持续期，有利于光合产物的合成和积累。

第三节　单粒精播对花生单株和群体干物质积累量的影响

干物质积累量是反映作物群体质量的重要指标之一，在花生整个生育期，干物质积累量均呈"S"形曲线特征。虽然盛花期之前是营养生长的主要阶段，也是干物质积累的重要时期，但据研究，花生盛花期之后的干物质积累量占总生育期干物质积累量的 68.84%，对经济产量的影响最大（杜红等，2005）。王才斌和万书波（2011）研究发现，花生生育后期较高的干物质积累量是花生高产群体的重要特征之一，对经济产量的贡献较大。

不同密度单粒精播处理均不同程度提高了花生的单株干物质重（图 4-4）。其中，S2 和 S3 处理效果较为显著，整个生育期内单株干物质重均高于 CK。生育后期差异更为明显，而 S1 处理单株干物质重也有一定程度增加，但与 S2 和 S3 相比增加幅度相对较小。到饱果期，S1、S2 和 S3 的单株干物质重分别比 CK 增加7.0%、29.6%和33.9%。从群体干物质重看，S1 出苗 50d 之后，高于 CK，饱果期差异最大，比 CK 高 12.4%。S2 处理各生育期均高于 CK，从饱果期之后（出苗90d 之后），S2 处理与 CK 表现出明显差异。而 S3 处理在结荚期之前与 CK 之间差异较小，饱果期之后，明显低于 CK。不同密度单粒精播对单株干物质重均有不同程度提高，而对于群体干物质重，S1 和 S2 处理表现出明显增加趋势。

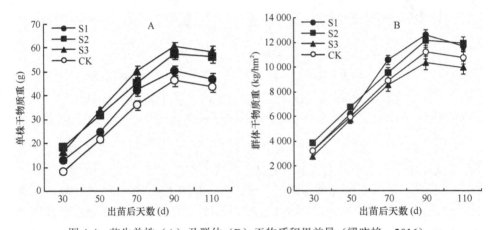

图 4-4 花生单株（A）及群体（B）干物质积累差异（梁晓艳，2016）
S1：单粒精播 27 万粒/hm²；S2：单粒精播 22.5 万粒/hm²；S3：单粒精播 18 万粒/hm²；CK：双粒穴播 27 万粒/hm²

单粒精播条件下，不同密度处理对花生单株干物质重均有不同程度的增加作用，随着密度的降低，增加幅度加大。从群体干物质重看，不同处理之间的差异有所不同。花生高密度单粒精播在整个生育期内，干物质重与 CK 相比具有明显的优势。在密度不变的情况下，由双粒穴播改为单粒精播有利于花生单株及群体干物质的积累。花生中密度的单粒精播处理虽然密度有所降低，但是群体干物质重并没有降低，整个生育期均高于 CK。中密度单粒精播条件下，虽然密度降低，但单株干物质重显著增加，使群体干物质重提高，尤其生育后期较高的干物质积累，为荚果产量的提高提供了重要的物质基础。低密度单粒精播处理，虽然单株干物质重显著增加，但由于密度过小，群体干物质积累相对不足。所以，提高花生群体的干物质积累，不仅要采取合理的播种方式，而且要采取适宜的种植密度，保证花生在生育期内有较高的干物质积累量及稳定的干物质增长速率。尤其是生育后期较高的干物质积累能力，对高产条件下花生产量的进一步提高具有重要意义。

第四节 单粒精播对花生成针动态的影响

花生一生开花很多，但相当大一部分未能形成果针，成针率只有 30%～70%（王才斌和万书波，2011），花生果针（含子房柄）的多少直接影响花生结果数和产量。花生开花时期不同，成针率和成果率也不同。Senoo（2004）研究发现，花生开花期越早，成针及成果率越高。花生初花期和盛花期开的花成针率较高，为83.4%～89.5%，成果率也较高，为 55.2%～56.5%，结荚期之后开的花成针率非常低（甄志高等，2007）。花生果针数除了受品种及遗传因素的影响外，还受各种环境及栽培因素的影响，密度增加时，成针率呈下降趋势。

S2 和 S3 处理在出苗后 30d 的每株果针入土数量分别达到 3.0 和 3.8，果针入土率分别为 83.3%和 86.4%，而双粒穴播 CK 果针数量极少，入土果针数才 0.4，而且入土率较低（表 4-1）。随着生育期的推进，花生大量开花下针。出苗后 50d，果针数量迅速增加，入土率也相对较高。其中，S2 和 S3 处理的果针数与果针入土率均高于 CK，而 S1 处理与 CK 相比无显著差异。出苗后 50～70d，果针

表 4-1 花生成针动态差异（梁晓艳，2016）

项目	处理	出苗后天数（d）				
		30	50	70	90	110
每株果针数	S1	1.8b	22.7b	45.0b	55.0b	59.2c
	S2	3.6a	28.8a	52.0a	63.0a	68.1b
	S3	4.4a	27.8a	54.0a	68.0a	72.3a
	CK	0.8c	22.8b	44.0b	53.0b	57.0c
每株入土果针数	S1	1.1b	16.0b	28.4b	33.0b	35.1b
	S2	3.0a	22.8a	37.4a	42.0a	44.2a
	S3	3.8a	22.4a	40.0a	44.7a	46.6a
	CK	0.4c	15.2b	26.4b	30.7b	31.2c
果针入土率（%）	S1	61.1b	70.4b	63.2b	60.0b	59.3b
	S2	83.3a	79.2a	72.0a	66.7a	64.9a
	S3	86.4a	80.5a	74.0a	65.8a	64.5a
	CK	50.0c	66.7b	60.0b	58.0b	54.7c

注：S1：单粒精播 27 万粒/hm²；S2：单粒精播 22.5 万粒/hm²；S3：单粒精播 18 万粒/hm²；CK：双粒穴播 27 万粒/hm²；表中数据后不同小写字母代表在 $P < 0.05$ 水平上差异显著

数依然保持较高的增长速率，但果针入土率有所降低，S2 和 S3 处理果针数与果针入土率仍然具有明显优势。结荚期（出苗后 70d）之后，果针数增长趋于缓慢，各处理的果针入土率也明显下降。花生下针主要集中在出苗后 30d～70d，而且该时期具有较高的果针入土率，中密度和低密度单粒精播处理 S2 和 S3 的果针下扎较早，而且下针数量多，入土率高。而花生高密度的单粒精播处理对果针的形成动态影响较小，与传统双粒穴播 CK 相比没有明显的差异。

单粒精播通过调节播种方式及密度，对花生群体结构的构建及群体质量的调控产生明显的积极影响。首先，花生双粒播种改为单粒播种，缓解了同穴双株之间发育过程中根系的相互竞争及抑制作用，促进了苗期根系的发育及植株的健壮，增加了有效分枝数及有效果针数，改善了植株的农艺性状，促进了个体生产潜力的发挥。其次，单粒精播模式下，密度也是花生群体质量的重要调控因素，密度过大或过小均不利于群体质量的提高。中密度（22.5 万粒/hm^2）单粒精播模式，既有利于个体的发育，又有利于群体质量的提高。与传统双粒穴播相比，虽然密度有所降低，但叶面积指数及干物质重并没有降低，花生单株叶面积及干物质重的增加，弥补了密度降低对群体叶源数量及干物质积累的影响，而且生育后期高叶面积指数保证了荚果发育过程中叶源的充分供给。

参 考 文 献

杜红, 闫凌云, 路红卫, 等. 2005. 高产花生品种干物质生产对产量的影响. 中国农学通报, (8): 112-114.

梁晓艳. 2016. 单粒精播对花生源库特征及冠层微环境的调控. 长沙: 湖南农业大学博士学位论文.

凌启鸿, 张洪程, 蔡建中, 等. 1993. 水稻高产群体质量及其优化控制讨论. 中国农业科学, 26(6): 1-11.

孙玉桃, 李林, 刘登望. 2007. 长江中游丘陵旱地花生合理密植技术研究. 湖南农业科学, (6): 101-103.

王才斌, 万书波. 2011. 花生生理生态学. 北京: 中国农业出版社.

甄志高, 段莹, 王晓林, 等. 2007. 豫南旱地花生开花及干物质积累规律研究. 花生学报, 36(2): 16-18.

Senoo S. 2004. Research the dry matter distribution and flowering habits of high-yield peanut. Chiba University Doctor Paper.

第五章 单粒精播对花生叶片光合性能的调控

花生属于 C_3 作物，但其光合潜能相当高，叶片净光合强度接近一些 C_4 植物。花生产量主要来源于叶片的光合产物，叶片的光合性能是决定产量最重要的指标。而环境条件与栽培措施，通常可以改变植株的生长发育及叶片的光合性能，进而影响光合产物的合成、运输与积累，最后影响花生的产量。反映光合性能好坏的指标主要包括叶片光合参数、叶绿素荧光参数、光合色素含量及光合作用关键酶活性等。花生生产过程中，容易出现早衰现象，尤其是结荚期之后，叶片开始衰老，叶绿素含量下降，光合酶活性降低，光合功能开始衰退，造成生育中后期光合源质量明显下降（李向东等，2001），而生育中后期干物质的生产与积累能力对花生经济产量的影响重大。因此，通过有效的栽培措施，提高花生生育中后期叶片的光合性能，延长叶片有效光合功能持续期，对花生产量的进一步提高具有重要意义。合理的种植方式及密度能有效改善群体结构，提高冠层叶片光合性能，促进生育后期光合产物的合成与积累。花生单粒精播通过调节播种方式及密度，改变了植株的群体分布状态，增加了群体分布的均匀性，优化了群体结构，促进了单株生产潜力的发挥。

第一节 单粒精播对花生叶片光合参数的影响

叶片是花生生长发育过程中主要的源器官，也是进行光合作用的重要场所。叶片光合特性的好坏是决定作物产量高低的最重要因素，其中，以净光合速率为主的光合参数是反映叶片光合性能的重要指标。叶片的净光合速率与作物产量之间密切相关，叶片光合特性的好坏受种植方式及密度的影响较大。高飞等（2011）研究发现，在一定范围内，随着密度的增加，花生功能叶片净光合速率、蒸腾速率和气孔导度均表现出增加的趋势，但是随着密度的继续增加，便出现下降趋势。

一、净光合速率

净光合速率（Pn）的高低是反映叶片光合性能的关键指标，是作物产量形成的基础。出苗后30d，花生冠层上部叶片 Pn 呈先升高后降低的单峰变化趋势（图5-1）。各处理间存在差异主要表现在生育后期，出苗后 30～50d，各处理间差异较小，花针期（出苗后 50d）以后，各处理间表现出较为明显的差异。从结荚期（出苗后 70d）到饱果期（出苗后 90d），S2 和 S3 处理的 Pn 均明显高于 CK，而 S1 处理与 CK 之间差异较小。花生冠层下部叶片 Pn 的变化趋势与冠层上部叶片存在一定差异，苗期（出苗后 30d）之后，冠层下部叶片 Pn 呈逐渐降低的趋势。与冠层上部叶片较为一致的是出苗后 30～50d，各处理之间无明显差异。花针期（出苗后 50d）之后，S1 处理和 CK 的冠层下部叶片 Pn 迅速下降，而 S2 和 S3 处理下降较为缓慢。因此，从结荚期（出苗后 70d）开始，S2 和 S3 处理冠层下部叶片 Pn 明显高于 S1 处理与 CK。

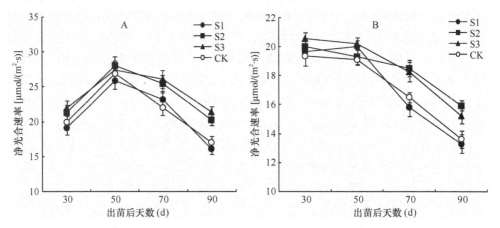

图 5-1　冠层上部（A）和冠层下部（B）叶片 Pn 差异（梁晓艳，2016）

S1：单粒精播 27 万粒/hm²；S2：单粒精播 22.5 万粒/hm²；S3：单粒精播 18 万粒/hm²；CK：双粒穴播 27 万粒/hm²

二、气孔导度

作物通过气孔的开关对周围环境变化进行响应，叶片气孔导度（Cs）代表的是叶片气孔的开放度，对细胞内外 CO_2 与 H_2O 的交换起重要的调控作用，与气孔限制值（Ls）呈负相关。花生不同处理冠层上部叶片气孔导度均呈先升高后降低的趋势（图 5-2）。出苗后 50d 左右，气孔导度达到最大值，其中 S2 处理最大，其他处理与 CK 之间差异不明显。进入结荚期（出苗后 70d），气孔导度迅速降低，但 S2 和 S3 处理与 CK 相比仍然具有相对较高的气孔导度。不同处理之间冠层下部叶片气孔导度差异较大，但是苗期（出苗后 30d）各处理之间差异相对较小。进入花针期（出苗后 50d）各处理间表现出显著差异，S2 和 S3 处理显著高于 S1 与 CK。随着生育进程的推进，虽然各处理叶片气孔导度均呈降低趋势，但 S2 和 S3 处理仍然保持较高的气孔导度。

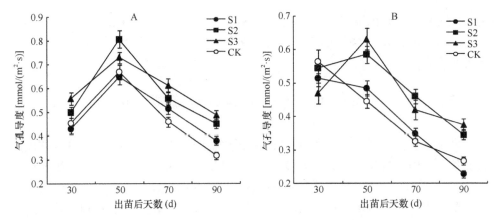

图 5-2　冠层上部（A）和冠层下部（B）叶片 Cs 差异（梁晓艳，2016）

S1：单粒精播 27 万粒/hm^2；S2：单粒精播 22.5 万粒/hm^2；S3：单粒精播 18 万粒/hm^2；CK：双粒穴播 27 万粒/hm^2

三、胞间 CO$_2$ 浓度

胞间 CO$_2$ 浓度（Ci）是叶片光合参数中反映光合特性的重要指标，尤其是对光合作用气孔限制分析具有重要作用，Ci 的变化方向可用来推断光合速率变化的原因及判断 Pn 降低是否由气孔因素所致（许大全，1997；Farquhar and Sharkey，1982）。Ci 降低而 Ls 升高表明气孔导度下降是 Pn 降低的主要因素，Ci 增高而 Ls 降低说明 Pn 的下降主要是由非气孔因素引起的。花生不同处理冠层上部叶片 Ci 呈先降低后升高的趋势（图 5-3）。出苗后 50d 各处理 Ci 达到最低，其中，CK 的 Ci 要高于其他各单粒精播处理。出苗后 70d，各处理间 Ci 呈逐渐升高的趋势，而此时叶片的气孔导度呈下降状态。所以，在结荚期（出苗后 70d），叶片 Pn 的下

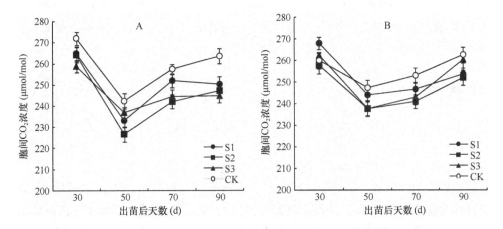

图 5-3　冠层上部（A）和冠层下部（B）叶片 Ci 差异（梁晓艳，2016）

S1：单粒精播 27 万粒/hm^2；S2：单粒精播 22.5 万粒/hm^2；S3：单粒精播 18 万粒/hm^2；CK：双粒穴播 27 万粒/hm^2

降可能是由非气孔因素引起的。冠层下部叶片 Ci 变化趋势与冠层上部叶片基本一致，不同的是冠层下部叶片 Ci 变化幅度较小，尤其在花生生育后期，这可能与下部叶片光合能力较弱有关。

第二节　单粒精播对花生叶片叶绿素荧光参数的影响

叶绿素荧光动力学技术在测定叶片光合作用过程中，能够简单快速地探测光合系统对光能的吸收、传递、转换及耗散状况，与表观性的气体交换参数相比，更能反映光合作用的内在特点（Schreiber et al., 1994；Genty et al., 1989）。光系统Ⅱ的最大光化学效率（Fv/Fm）、实际光化学效率（ΦPSⅡ）、光合电子传递速率（ETR）、光化学猝灭系数（qP）和非光化学猝灭系数（NPQ）等荧光参数指标，共同反映了植物光能转化效率的高低及光能热耗散的多少。

叶绿素吸收的光能有三个作用：一是用来进行光合电子传递；二是以热的形式耗散掉；三是通过荧光的形式发射出来。这三部分之间存在此消彼长的关系，其中，用于热耗散和荧光发射的光能比例增加，会导致叶片的光合电子传递效率降低，从而影响光合速率。因此，降低光能转化过程中的热耗散水平，有利于提高作物的光合速率，增加光能利用率。

不同的栽培措施对叶绿素荧光参数的影响主要是通过影响植株的个体发育、冠层透光性等因素来实现的。株距和行距变化能显著影响叶绿素荧光参数，随着株距和行距的缩小，光化学猝灭系数和实际光化学效率先升高后降低，而非光化学猝灭系数先降低后升高。株距和行距降到一定程度后，会导致个体竞争加剧，影响叶片光合功能的正常进行。另外，种植密度的大小也能显著影响叶绿素荧光参数，合理密植能有效提高叶片的光能吸收及转化效率，提高叶片 Fv/Fm、ΦPSⅡ、ETR 及 qP 等荧光参数，降低 NPQ，提高叶片光合效率，而密度的不合理增加会导致叶片光能转化效率降低，降低光能利用率。

一、最大光化学效率

最大光化学效率（Fv/Fm）反映的是 PSⅡ反应中心内部原初光能的最大转换效率，在作物遇到各种环境胁迫以及衰老的情况下，Fv/Fm 表现出下降的趋势。花生生育期内，叶片 Fv/Fm 呈先升高后降低的变化趋势（图5-4），出苗后50d 左右达到最大值，该时期各处理之间叶片 Fv/Fm 差异相对较小，随着生育期的推进差异逐渐变大。结荚期（出苗后70d）S2 和 S3 处理的冠层上部叶片 Fv/Fm 明显高于其他处理，分别比 CK 高 5.5%和 6.2%，饱果期（出苗后90d）分别比 CK 高 6.4%和 9.0%。冠层下部叶片各处理间 Fv/Fm 差异相对较小，而且差异主要集中在饱果期。不同密度单粒精播对花生叶片最大光化学效率的影响，主要集中在生育后期。适当降低密度的单粒精播，能显著提高生育后期叶片的最大光化学效率，提高 PSⅡ反应中心内部光能的转换效率。

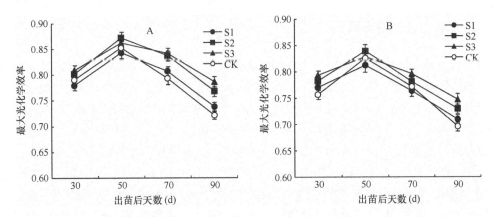

图 5-4　冠层上部（A）和冠层下部（B）叶片 Fv/Fm 差异（梁晓艳，2016）

S1：单粒精播 27 万粒/hm²；S2：单粒精播 22.5 万粒/hm²；S3：单粒精播 18 万粒/hm²；CK：双粒穴播 27 万粒/hm²

二、实际光化学效率

叶片实际光化学效率（ΦPSⅡ）代表的是 PSⅡ反应中心进行光化学反应的实际效率。花生生育期内，冠层上部和冠层下部叶片的实际光化学效率，均呈先升高后降低的趋势，冠层上部叶片的 ΦPSⅡ大部分时期高于冠层下部叶片（图 5-5）。不同处理之间叶片的 ΦPSⅡ存在差异，主要表现在生育后期（出苗后 70～90d）。结荚期（出苗后 70d），单粒精播处理 S2 和 S3 的冠层上部叶片实际光化学效率，分别比 CK 高 13.6%和 19.2%，冠层下部叶片分别比 CK 高 30.3%和 36.2%。高密

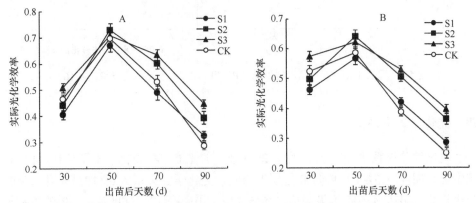

图 5-5　冠层上部（A）和冠层下部（B）叶片 ΦPSⅡ差异（梁晓艳，2016）

S1：单粒精播 27 万粒/hm²；S2：单粒精播 22.5 万粒/hm²；S3：单粒精播 18 万粒/hm²；CK：双粒穴播 27 万粒/hm²

度单粒精播处理 S1 的叶片实际光化学效率与 CK 相比无明显差异,适当降低密度的单粒精播处理,能有效提高花生叶片的实际光化学效率。其中,对冠层下部叶片的改善作用要大于冠层上部叶片。

三、光合电子传递速率

光合电子传递速率(ETR)是 PSⅡ反应中心在进行光合作用时电子传递的速率,它直接影响光合速率的大小。在花生生育期内,冠层上部叶片和冠层下部叶片光合电子传递速率的变化趋势有所不同,冠层上部叶片 ETR 呈先升高后降低的趋势,冠层下部叶片各处理间在生育前期 ETR 存在差异,但出苗后 50d 之后,各处理均呈下降趋势,这与冠层上部叶片表现一致(图 5-6)。花生花针期(出苗后 50d),S2 和 S3 处理的冠层上部叶片 ETR 均高于 CK,到饱果期差异达最大,此时 S2 和 S3 分别比 CK 高 27.8%和 15.7%。整个生育期 S1 处理与 CK 相比,叶片光合电子传递速率无明显优势,甚至低于 CK。花生冠层下部叶片各处理间 ETR 存在差异,主要表现在出苗后 70d,单粒精播处理 S2 和 S3 的 ETR,分别比 CK 高 5.9%和 12.2%。CK 处理冠层下部叶片 ETR 的迅速下降要早于冠层上部叶片,这可能与冠层下部叶片光照条件较差有关。

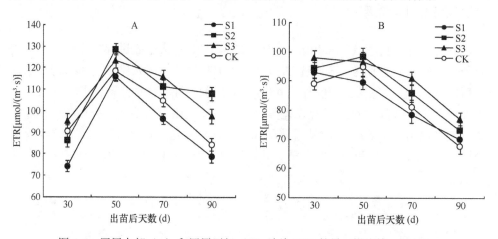

图 5-6　冠层上部(A)和冠层下部(B)叶片 ETR 差异(梁晓艳,2016)

S1:单粒精播 27 万粒/hm²;S2:单粒精播 22.5 万粒/hm²;S3:单粒精播 18 万粒/hm²;CK:双粒穴播 27 万粒/hm²

四、光化学猝灭系数

光化学猝灭系数(qP)代表的是 PSⅡ吸收的光能用在光化学电子传递的比例。花生生育期内,冠层上部叶片和冠层下部叶片光化学猝灭系数 qP 均呈先升后降的变化趋势,出苗后 50d 达最大值(图 5-7)。其中,冠层上部叶片的 qP 整体高于冠层下部叶片。出苗后 30d,各处理间无明显差异,随着生育期的推进,各处理间差异变大。其中，中密度和低密度的单粒精播处理 S2 和 S3 的叶片 qP，明显高于其他处理，而且在达到峰值之后缓慢降低，所以二者生育后期 qP 具有更为明显的优势，尤其是冠层下部叶片表现得更为明显。而高密度单粒精播处理 S1 与 CK 之间冠层叶片 qP 差异较小。

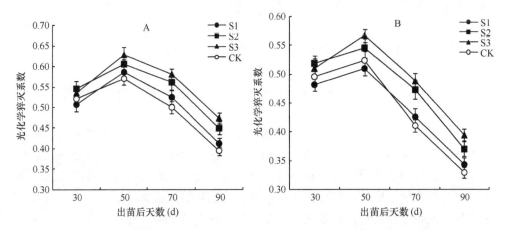

图 5-7　冠层上部（A）和冠层下部（B）叶片 qP 差异（梁晓艳，2016）

S1：单粒精播 27 万粒/hm^2；S2：单粒精播 22.5 万粒/hm^2；S3：单粒精播 18 万粒/hm^2；CK：双粒穴播 27 万粒/hm^2

五、非光化学猝灭系数

非光化学猝灭系数（NPQ）代表的是 PSⅡ吸收的光能未能用于光合电子传递而以热的形式耗散掉的部分所占比例。花生生育期内，叶片的 NPQ 呈逐渐升高的趋势（图 5-8）。苗期（出苗后 30d），叶片的光合热耗散处于较低水平，处理间差

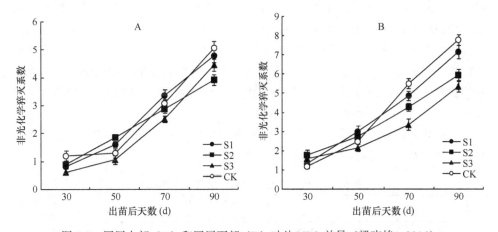

图 5-8　冠层上部（A）和冠层下部（B）叶片 NPQ 差异（梁晓艳，2016）

S1：单粒精播 27 万粒/hm^2；S2：单粒精播 22.5 万粒/hm^2；S3：单粒精播 18 万粒/hm^2；CK：双粒穴播 27 万粒/hm^2

异较小。随着生育期的推进，叶片热耗散水平逐渐增加。饱果期（出苗后 90d）之前，各处理之间冠层上部叶片 NPQ 无明显差异。饱果期，CK 处理叶片的 NPQ 表现最高，S1 次之，S2 最低。而冠层下部叶片各处理在结荚期（出苗后 70d）NPQ 就表现出明显的差异，S1、S2 和 S3 各处理的叶片 NPQ 分别比 CK 低 11.4%、22.3% 和 39.7%。饱果期与结荚期各处理间差异表现一致，不同密度单粒精播对花生冠层下部叶片 NPQ 的影响要大于冠层上部叶片。适宜密度的单粒精播有利于降低生育后期冠层下部叶片的光合热耗散，提高光能转化效率。

第三节　单粒精播对花生叶片光合色素含量的影响

叶绿素（Chl）是叶片中光能吸收与电子传递的主要介质，是植物光合作用过程中吸收、传递和转换光能的物质基础，其含量多少是反映叶片光合强度的重要生理指标。叶绿素含量降低，将影响光合机构中光合色素蛋白复合体的功能，降低叶绿体对光能的吸收与转化水平，进而影响植物的光合作用。叶绿素含量及比例发生改变也是植物面对环境变化的重要生理性调节反应。叶绿素含量的多少在一定程度上受种植方式及密度的调控，关于种植方式和密度对叶片叶绿素含量影响的研究已有不少报道。适宜的种植密度能够延缓叶片衰老，减缓叶绿素含量的降低，提高光能的吸收及转化效率，降低热耗散水平。密度过高的条件下，叶绿素含量下降快，荧光参数变劣。

花生结荚期到饱果期不同处理叶片中叶绿素 a、叶绿素 b、叶绿素 a/b、叶绿素 a+b 及类胡萝卜素含量均呈下降趋势，而且叶绿素 a 的下降幅度较为明显（表 5-1）。从不同冠层位置看，冠层下部叶片的叶绿素含量及类胡萝卜素含量均低于冠层上部叶片，同一时期不同处理之间叶片光合色素含量存在显著差异。结荚期和饱果期，单粒精播 S1、S2 和 S3 处理均不同程度提高了冠层上部花生叶片中叶绿素 a+b 及类胡萝卜素含量，同时提高了叶绿素 a/b。叶绿素的重要特性是对光的吸收具有选择性，叶绿素 a 与叶绿素 b 的吸收光谱不同。叶绿素 a 的吸收带偏重于红光部分的长光波方面，而叶绿素 b 的吸收带偏重于蓝紫光部分。因此，叶绿素 a 含量相对提高（Chl a/b 值增加）更有利于提高花生对红光的吸收，而红光的利用效率远大于蓝紫光。双粒穴播有利于叶片对蓝紫光的吸收利用，而单粒精播处理更有利于叶片对红光的吸收利用，提高了光能利用率。

表 5-1　光合色素含量差异（梁晓艳，2016）

冠层位置	生育期	处理	叶绿素 a (mg/g)	叶绿素 b (mg/g)	叶绿素 a+b (mg/g)	叶绿素 a/b	类胡萝卜素 (mg/g)
冠层上部	结荚期	S1	1.82b	0.69b	2.51b	2.66ab	3.73b
		S2	1.85b	0.72ab	2.57b	2.57b	3.94ab

续表

冠层位置	生育期	处理	叶绿素 a（mg/g）	叶绿素 b（mg/g）	叶绿素 a+b（mg/g）	叶绿素 a/b	类胡萝卜素（mg/g）
冠层上部	结荚期	S3	2.10a	0.77a	2.87a	2.73a	4.13a
		CK	1.55c	0.61c	2.06c	2.36c	3.55c
	饱果期	S1	1.25c	0.55b	1.80bc	2.27c	2.99b
		S2	1.42b	0.57b	1.99b	2.49b	3.43a
		S3	1.69a	0.61b	2.30a	2.75a	3.28a
		CK	1.15c	0.52c	1.67c	2.20c	2.84b
冠层下部	结荚期	S1	1.28b	0.61b	1.88b	2.10a	2.83b
		S2	1.30b	0.66ab	1.95b	1.97b	2.99ab
		S3	1.47a	0.71a	2.18a	2.06ab	3.14a
		CK	1.09c	0.59b	1.68c	1.83c	2.70b
	饱果期	S1	1.02b	0.52b	1.54b	1.95b	2.39b
		S2	1.22a	0.59a	1.81a	2.05a	2.74a
		S3	1.28a	0.61a	1.89a	2.09a	2.62a
		CK	0.98b	0.50b	1.48b	1.97b	2.28c

注：S1：单粒精播 27 万粒/hm^2；S2：单粒精播 22.5 万粒/hm^2；S3：单粒精播 18 万粒/hm^2；CK：双粒穴播 27 万粒/hm^2；表中数据后不同小写字母代表在 $P < 0.05$ 水平上差异显著

第四节　单粒精播对花生叶片光合关键酶活性的影响

核酮糖-1,5-双磷酸羧化酶（RuBPCase）被称作光合作用的限速酶，是光合碳代谢中的第一个关键酶。一般在光饱和条件下光合速率与 RuBPCase 活性之间存在正相关关系，因此，RuBPCase 活性的不足，是光合作用的重要限制因素之一，RuBPCase 活性下降是光合作用衰退的内在因素。磷酸烯醇丙酮酸羧化酶，即 PEPCase，是在光合碳同化中起作用的另一种重要酶，该酶能促使 CO_2 与磷酸烯醇丙酮酸（PEP）结合形成草酰乙酸（OAA），PEPCase 在 C_3 植物碳代谢中对 CO_2 的重新固定同样具有不可忽视的作用。

一、RuBPCase 活性

RuBPCase 是在叶片光合作用碳同化过程中起关键作用的酶。花生不同冠层叶片 RuBPCase 活性均呈先升高后降低的趋势（图 5-9）。但冠层上部叶片和冠层下部叶片出现峰值的时间不同，冠层上部叶片除了 CK 外，峰值都出现在出苗后 70d，RuBPCase 具有较高活性的持续期较长。而冠层下部叶片峰值均在出苗后 50d，而且进入结荚期之后 RuBPCase 活性迅速下降；其中，S2 和 S3 处理相对于 CK 下降较为缓慢，所以生育后期 RuBPCase 活性明显高于 CK。单粒精播处理能够延迟冠层上部叶片 RuBPCase 活性的下降，提高生育后期冠层下部叶片 RuBPCase 活性，而且随着密度的降低效果更为显著。

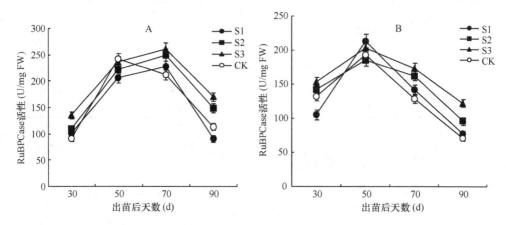

图 5-9　冠层上部（A）和冠层下部（B）叶片 RuBPCase 活性差异（梁晓艳，2016）

S1：单粒精播 27 万粒/hm^2；S2：单粒精播 22.5 万粒/hm^2；S3：单粒精播 18 万粒/hm^2；CK：双粒穴播 27 万粒/hm^2

二、PEPCase 活性

PEPCase 也是叶片内光合作用碳同化过程的关键酶之一。花生生育期内，不同处理冠层上部叶片 PEPCase 活性呈先升高后降低的趋势，出苗后 70d 左右达到最大值（图 5-10）。而且，各处理间表现出明显的差异，单粒精播处理 S1、S2 和 S3 均高于 CK。其中，S3 处理中 PEPCase 活性最大，S2 次之。进入饱果期，CK 迅速下降，处理间差异更为显著，S1、S2 和 S3 各处理分别比 CK 高 33.9%、73.9%

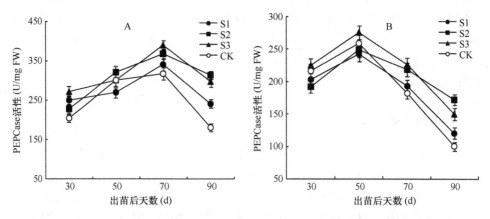

图 5-10　冠层上部（A）和冠层下部（B）叶片 PEPCase 活性差异（梁晓艳，2016）

S1：单粒精播 27 万粒/hm^2；S2：单粒精播 22.5 万粒/hm^2；S3：单粒精播 18 万粒/hm^2；CK：双粒穴播 27 万粒/hm^2

和 65.0%。冠层下部叶片 PEPCase 活性整体低于冠层上部叶片，而且峰值出现较早，后期下降速度较快。单粒精播处理 S2 和 S3 与 CK 相比，PEPCase 活性下降速度相对较为缓慢，后期活性明显高于 CK。

不同密度单粒精播对花生叶片 RuBPCase 及 PEPCase 活性的影响，主要表现在生育中后期（结荚期和饱果期）。中密度和低密度单粒精播条件下，花生不同冠层叶片的 RuBPCase 及 PEPCase 活性均高于传统双粒穴播。生育前期（苗期和花针期）各处理之间两种酶活性无明显差异，这与叶片光合速率的结果表现基本一致。花生生育后期，叶片光合速率的下降与叶片光合作用关键酶活性的下降具有同步性，叶片光合机构中关键酶活性的急速下降是光合速率迅速降低的内部决定因素。传统双粒穴播条件下，叶片内部光合机构关键酶活性的迅速下降，是叶片光合源质量水平下降的重要体现。

通过对花生生育期内叶片光合参数、荧光参数及光合作用关键酶活性等光合指标的测定并分析可知，中密度和低密度单粒精播处理能明显提高花生生育后期（结荚期之后）不同冠层部位叶片的净光合速率与光能的吸收及转化效率。适当降低密度的单粒精播模式下，花生生育后期叶片叶绿素含量及光合作用关键酶活性明显高于传统双粒穴播，这与该模式下叶片具有较高的光能吸收、传递及转化效率结果一致，同时降低了光能转换过程中的热耗散份额，提高了光合作用的同化效率，保证了生育后期光合源的质量。

参 考 文 献

高飞, 翟志席, 王铭伦, 等. 2011. 密度对夏直播花生光合特性及产量的影响. 中国农学通报, (9): 329-332.

李向东, 王晓云, 张高英. 2001. 花生叶片衰老与活性氧代谢. 中国油料作物学报, 23(2): 31-34.

梁晓艳. 2016. 单粒精播对花生源库特征及冠层微环境的调控. 长沙: 湖南农业大学博士学位论文.

许大全. 1997. 光合作用气孔限制分析中的一些问题. 植物生理学通讯, 33: 241-244.

Farquhar G D, Sharkey T D. 1982. Stomatal conductance and photosynthesis. Annu Rev Plant Physiol, 33: 317-345.

Genty B, Briantais J M, Baker N R. 1989. The relationship between the quantum yield of photosynthetic electron transport and quenching of chlorophyll fluorescence. Biochim, Bionphys Acta, 900: 87-92.

Schreiber U, Bilger W, Neubauer C. 1994. Chlorophyll fluorescence as a nondestructive indicator for rapid assessment of in vivo photosynthesis. Ecological Studies, 100: 49-70.

第六章 单粒精播对花生叶片衰老特性的调控

叶片衰老是植物生命进程的最后阶段，也是植物生长发育过程的重要部分，叶片的衰老进程受内在因子和外在因子的共同调控。Kvien 和 Ozias-Akins（1991）对花生的衰老进行研究，发现花生播种后 146d 仍没有表现出衰老迹象，进一步培养发现，环境条件适宜的情况下（防病、防霜），花生单株生长 158d 仍然能开花结果，并没有表现出衰老性状。但是国内研究发现，在正常生产条件下，花生结荚后逐渐出现衰老特征，主要表现为新生叶逐渐减少、叶片变黄并逐渐脱落、叶斑病逐渐加重（李向东等，2001；王爱国和罗广华，1990）。花生的衰老与外界环境，如温度、光照、水分（土壤及空气湿度）、CO_2 浓度和养分状况等的变化有关。而合理的种植方式及密度能改善花生群体的冠层微环境，进而延缓花生生育后期叶片的衰老。花生单粒精播技术通过调节播种方式及密度，改变了群体结构，优化了群体的冠层微环境，有利于延缓生育后期叶片的衰老。

第一节 单粒精播对花生叶片保护酶活性的影响

据研究，引起植物衰老的因素有多种理论或假说，主要包括光碳失衡假说、激素平衡假说和营养胁迫假说等（Me Collun，1934）。光碳失衡假说主张植物衰老进程，是由光合机能衰退和自由基积累引发与加剧膜脂过氧化来实现的，认为由于光合机能的衰退，如叶绿素含量及 RuBPCase 活性降低和光合速率下降等，打乱了能量的供需平衡，破坏了光合碳循环的正常进行，造成多种有害自由基产生与积累，而自由基的过量积累导致膜脂过氧化加剧，从而引起衰老（张荣铣等，1999）。另有研究认为，植物体内自由基及 H_2O_2 累积造成的膜脂过氧化作用是生物膜破损的直接原因，也是引起衰老的关键因素。因此，减少自由基及 H_2O_2 的累积，减轻膜脂过氧化程度，是防止植物过早衰老的重要因素。

机体在代谢过程中，大部分的氧气（98%）可被机体吸收利用，用来产生能量，供其他生理活动的正常进行。而另外 2%的氧气却转化为超氧阴离子自由基、羟基自由基等氧自由基，这是毒性氧的主要组成因子。同时，针对这些有毒活性氧，植物自身存在一定的适应性调节作用，即细胞内存在活性氧及自由基的清除酶保护系统，主要包括超氧化物歧化酶（superoxide dismutase，SOD）、过氧化物酶（peroxidase，POD）和过氧化氢酶（catalase，CAT）等保护酶。而叶片衰老过程中，由于清除活性氧及自由基的保护酶活性下降，细胞代谢产生的活性氧及自由基不能完全被清除，其含量增加，膜脂受到攻击而发生过氧化作用，从而造成叶片衰老（王爱国等，1983）。丙二醛（malondialdehyde，MDA）是植物受到逆境胁迫或衰老时膜脂过氧化作用的最终产物，其含量多少是反映植物细胞膜受损伤程度的重要指标（李向东等，2001）。因此，可以通过研究 SOD、POD、CAT 活性及 MDA 含量，来判断叶片抗氧化能力及衰老状况。

一、SOD 活性

SOD 是生物体内清除超氧阴离子自由基（O_2^-）的保护酶之一，可减轻活性氧对叶片细胞的伤害。花生冠层上部叶片和冠层下部叶片 SOD 活性变化具有相似的规律，均呈先增加后降低的趋势（图 6-1）。但是，不同处理冠层下部叶片 SOD 活性均低于冠层上部叶片，而且峰值出现较早。冠层上部叶片中除了 CK 外，其他各处理 SOD 活性最大值均出现在出苗后 70d。而且，该时期花生单粒精播处理 S1、S2 和 S3 的 SOD 活性均高于 CK。进入饱果期，S1 处理 SOD 活性迅速降低，低于 CK，而 S2 和 S3 仍然保持较高的活性。S2 和 S3 处理均提高了冠层下部叶片 SOD 活性，出苗后 70d，SOD 活性分别比 CK 提高 25.7% 和 36.0%。适宜密度的花生单粒精播对冠层上部和冠层下部叶片 SOD 活性均有明显的改善。

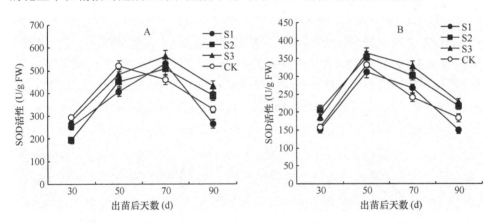

图 6-1　花生冠层上部（A）和冠层下部（B）叶片 SOD 活性差异（梁晓艳，2016）
S1：单粒精播 27 万粒/hm²；S2：单粒精播 22.5 万粒/hm²；S3：单粒精播 18 万粒/hm²；CK：双粒穴播 27 万粒/hm²

二、POD 活性

POD 是活性氧清除系统的另一关键酶，用于清除植物面临逆境或衰老中产生的活性氧，防止膜脂的过氧化，减轻其对植物的伤害。花生生育期内冠层上部叶片和冠层下部叶片 POD 活性表现出不同的变化规律（图 6-2）。其中，冠层上部叶片呈先降低后升高再降低的波浪形变化趋势，而冠层下部叶片呈先升高后降低的变化趋势。同一时期各处理间存在差异主要表现在生育后期（出苗后70～90d），而且冠层上部和冠层下部叶片共同的规律是花生单粒精播处理均不同程度提高了叶片中POD活性。其中，S3提高幅度最大，其次为S2，S1的提高幅度最小，花生单粒精播条件下，生育后期叶片清除活性氧的能力大于传统双粒穴播。

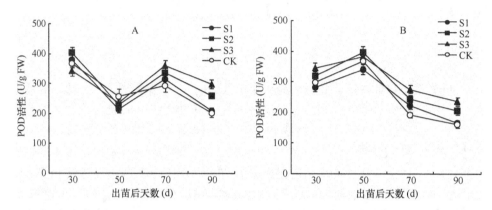

图6-2　花生冠层上部（A）和冠层下部（B）叶片POD活性差异（梁晓艳，2016）

S1：单粒精播27万粒/hm²；S2：单粒精播22.5万粒/hm²；S3：单粒精播18万粒/hm²；CK：双粒穴播27万粒/hm²

三、CAT活性

花生生育期内，冠层上部叶片和冠层下部叶片CAT活性均呈先升高后降低的趋势（图6-3），出苗后50d左右达到最大值。不同的是冠层下部叶片各处理的CAT活性峰值小于冠层上部叶片，冠层上部叶片各处理CAT活性最大值为177.2～207.0U/gFW，而冠层下部叶片为146.0～162.0U/gFW。花针期（出苗后50d）之

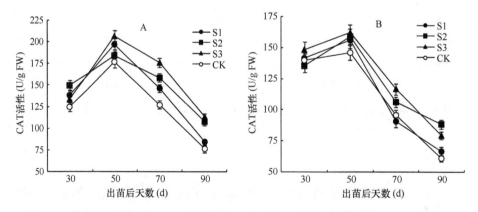

图6-3　花生冠层上部（A）和冠层下部（B）叶片CAT活性差异（梁晓艳，2016）

S1：单粒精播27万粒/hm²；S2：单粒精播22.5万粒/hm²；S3：单粒精播18万粒/hm²；CK：双粒穴播27万粒/hm²

后，CAT 活性降低，各处理间差异也更为明显。到结荚期（出苗后 70d），冠层上部叶片各单粒精播处理 S1、S2 和 S3 的 CAT 活性分别比 CK 高 15.0%、24.4%和 37.9%，冠层下部叶片 S2 和 S3 处理分别比 CK 高 10.9%和 21.6%，而 S1 处理与 CK 相比略有降低。

四、叶片相对电导率

植物中细胞膜的相对电导率反映了植物细胞受胁迫后的膜损伤程度以及衰老状况。花生生育期内，不同冠层部位叶片中细胞膜的相对电导率，均呈逐渐升高的趋势（图 6-4）。不同的是，冠层上部叶片各处理间存在差异主要表现在生育后期（出苗后 70～90d），中密度和低密度花生单粒精播处理 S2 和 S3 的相对电导率明显低于 CK，而 S1 处理与 CK 差异较小。冠层下部叶片从出苗后 30d 开始，各处理之间就表现出明显的差异，除饱果期（出苗后 90d）之外，各单粒精播处理相对电导率均低于 CK。而且，密度越低，细胞膜的透性越低，膜脂受损失程度越小。

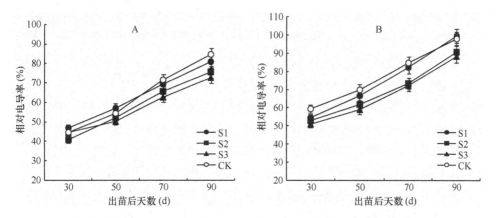

图 6-4 花生冠层上部（A）和冠层下部（B）叶片相对电导率差异（梁晓艳，2016）

S1：单粒精播 27 万粒/hm²；S2：单粒精播 22.5 万粒/hm²；S3：单粒精播 18 万粒/hm²；CK：双粒穴播 27 万粒/hm²

五、叶片 MDA 含量

MDA 是细胞膜脂过氧化作用的最终产物，叶片中 MDA 含量多少可反映叶片细胞膜脂过氧化程度。花生冠层上部叶片，从出苗后 70d 开始，各处理间表现出明显的差异，不同密度单粒精播处理均不同程度降低了 MDA 的含量，饱果期（出苗后 90d）各处理间差异达到最大（图 6-5）。其中，密度越低，MDA 含量越低，膜脂过氧化程度越小。冠层下部叶片各处理间差异与冠层上部叶片基本一致，不同的是，冠层下部叶片在出苗后 50d 各处理就表现出明显差异，随着生育期的推进,各处理间差异逐渐变大。到饱果期,各处理间差异最大,S2 和 S3 处理中 MDA 含量分别为 12.3μmol/g FW 和 10.7μmol/g FW,分别比 CK(14.7μmol/g FW)低 16.3% 和 27.2%。中密度和低密度单粒精播处理降低了生育期内不同冠层叶片的细胞膜透性,减轻了生育后期膜脂受损伤的程度,提高了叶片的抗氧化能力,其中对冠层下部叶片的改善效果大于冠层上部叶片。

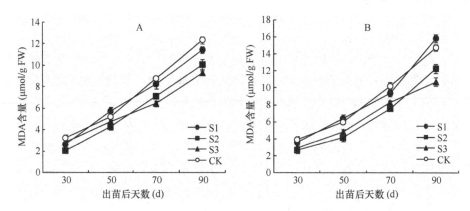

图 6-5　花生冠层上部（A）和冠层下部（B）叶片 MDA 含量差异（梁晓艳，2016）

S1:单粒精播 27 万粒/hm²; S2:单粒精播 22.5 万粒/hm²; S3:单粒精播 18 万粒/hm²; CK:双粒穴播 27 万粒/hm²

　　不同密度单粒精播处理花生叶片中,SOD、POD、CAT 活性及 MDA 含量的变化趋势基本一致,同一时期不同处理之间存在差异。花针期之前,花生叶片均处于生长发育的旺盛时期,叶片生理活性处于活跃状态,超氧阴离子、羟基自由基等氧毒性因子的积累量较小,所以抗氧化酶的保护性作用相对较弱。花生进入结荚期之后,各项机能开始衰退,超氧阴离子、羟基自由基等开始累积。此时,叶片保护酶活性显得至关重要,而中、低密度的花生单粒精播处理在生育后期,不同冠层叶片的 SOD、POD 和 CAT 活性均高于传统双粒穴播 CK,而且叶片中 MDA 含量也相对较低,而高密度单粒精播处理与对照差异较小。另外,冠层下部叶片各种保护酶活性要低于冠层上部叶片,而且活性下降较早,冠层下部叶片抗氧化能力较低,膜脂过氧化水平及受损程度较大,这与下部叶片透光性差、叶片提前进入衰老进程有关。适当降低密度的单粒精播,对花生冠层上部和冠层下部叶片保护酶活性,均有不同程度的提高作用。同时,提高了生育后期叶片对活性氧及自由基的清除能力,降低了细胞膜脂过氧化水平及受损程度,延缓了生育后期叶片的衰老。

第二节　单粒精播对花生叶片内源激素含量的影响

　　激素是植物体内的重要信号物质,植物内在发育信号和外界环境因素,通过诱导植物产生不同激素来调控叶片的发育与衰老（张艳军等，2014）。植物激素主要包括生长素（IAA）、细胞分裂素（CTK）、赤霉素（GA）和脱落酸（ABA）等。玉米素和玉米素核苷（Z+ZR）属于细胞分裂素，具有延缓生育后期叶片衰老的作用。IAA 和 GA 对植物的衰老也具有一定的延缓作用，而 ABA 对叶片的衰老具有加速作用。正常情况下，IAA 含量在植物叶片的生长发育中是逐渐增加的，而在衰老的器官或组织中呈下降趋势。所以 IAA 含量的下降既可以作为衰老的启动因素，也可以作为判断衰老的重要指标，GA 在延缓花生衰老中具有明显作用。据研究，赤霉素能加快蛋白质的合成，延缓 RNA 功能的丧失（Lers et al.，1998），而且 GA 可通过影响 SOD、CAT 等酶活性来加快自由基的清除，从而延缓衰老。还有研究发现，GA 并不直接作用于叶片衰老，而是通过拮抗脱落酸来延缓叶片衰老进程（Jibran et al.，2013）。ABA 通过影响细胞膜的透性加速叶片的衰老，环境胁迫诱导的叶片 ABA 含量增加和外施 ABA 均能促进叶片衰老。因此，脱落酸能够直接作用于叶片的衰老。

一、GA 含量

花生生育期内，冠层上部和冠层下部叶片 GA 含量变化趋势有所不同，冠层上部叶片 GA 含量呈先降后升再降的变化趋势（S1 处理除外）。而冠层下部叶片呈先升后降的单峰变化趋势。而且各时期内，冠层下部叶片的 GA 含量普遍低于冠层上部叶片（图 6-6）。花生冠层上部叶片在出苗后 30～50d，各处理间差异没有表现出明显的规律。进入结荚期（出苗后 70d），中密度和低密度花生单粒精播处理 S2 和 S3 叶片中 GA 含量明显高于 CK，而 S1 处理与 CK 无明显差异，饱果

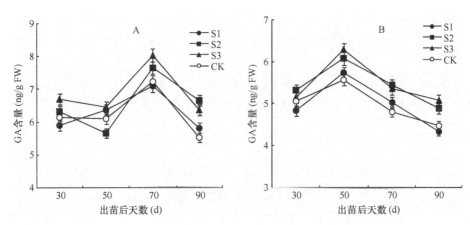

图 6-6　花生冠层上部（A）和冠层下部（B）叶片 GA 含量差异（梁晓艳，2016）

S1：单粒精播 27 万粒/hm²；S2：单粒精播 22.5 万粒/hm²；S3：单粒精播 18 万粒/hm²；CK：双粒穴播 27 万粒/hm²

期与结荚期表现一致。冠层下部叶片，各处理之间 GA 含量整体变化趋势一致，但同一时期不同处理之间差异明显，S2 和 S3 处理在整个生育期内均高于 CK，而 S1 与 CK 之间无明显差异。

二、IAA 含量

不同处理花生叶片 IAA 含量均呈先升高后降低的变化趋势（图 6-7）。花生冠层上部叶片中各单粒精播处理的 IAA 含量，最大值均出现在结荚期（出苗后 70d），而双粒穴播 CK 峰值提前，出现在花针期（出苗后 50d），该时期各单粒精播处理与 CK 之间无明显差异。进入结荚期，CK 叶片中 IAA 含量逐渐降低，而各花生单粒精播处理 IAA 含量达到最大值，均高于 CK，之后各处理间差异逐渐变大。饱果期（出苗后 90d）各处理间差异最大，S1、S2 和 S3 处理的 IAA 含量分别比 CK 高 12.9%、19.6% 和 29.0%。花生冠层下部叶片各处理间差异与冠层上部叶片基本一致，出苗后 50d 达到峰值，出苗后 50～90d，单粒精播处理叶片中 IAA 含量均高于 CK，并且随着密度的降低，增加幅度加大。

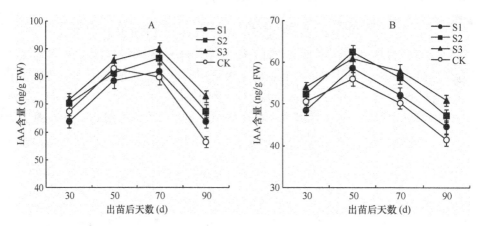

图 6-7　花生冠层上部（A）和冠层下部（B）叶片 IAA 含量差异（梁晓艳，2016）

S1：单粒精播 27 万粒/hm²；S2：单粒精播 22.5 万粒/hm²；S3：单粒精播 18 万粒/hm²；CK：双粒穴播 27 万粒/hm²

三、Z+ZR 含量

玉米素和玉米素核苷（Z+ZR）是植物体内能够转运的主要细胞分裂素。花生生育期内，不同处理之间叶片中 Z+ZR 含量具有相似的变化趋势，均表现为先升高后降低（图 6-8）。但花生冠层下部叶片峰值出现较早，在出苗后 50d 就达到最大值，之后迅速降低，而冠层上部叶片在出苗后 70d 左右达到最大值，而且整个生育期内，冠层上部叶片 Z+ZR 含量普遍高于冠层下部叶片。同一时期内不同处理之间，冠层上部叶片 Z+ZR 含量也存在明显差异，S2 和 S3 处理在出苗后 50～90d 均高于 CK，S1 与 CK 之间差异不明显。花生冠层下部叶片处理之间的差异与冠层上部叶片一致，但主要集中在出苗后 70～90d。适当降低密度的单粒精播能提高花生不同冠层部位叶片的 Z+ZR 含量。

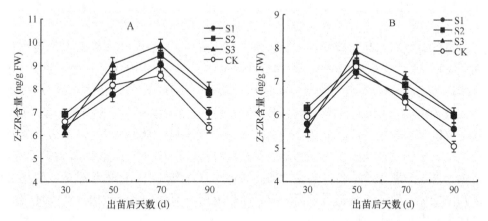

图 6-8　花生冠层上部（A）和冠层下部（B）叶片 Z+ZR 含量差异（梁晓艳，2016）

S1：单粒精播 27 万粒/hm²；S2：单粒精播 22.5 万粒/hm²；S3：单粒精播 18 万粒/hm²；CK：双粒穴播 27 万粒/hm²

四、ABA 含量

花生生育期内冠层不同部位叶片中 ABA 含量变化趋势一致，均呈逐渐升高的趋势（图 6-9）。出苗后 30d 左右，花生叶片 ABA 含量处于较低水平，不同处理及不同冠层之间差异不明显。随着生育进程的推进，ABA 含量逐渐上升，其中

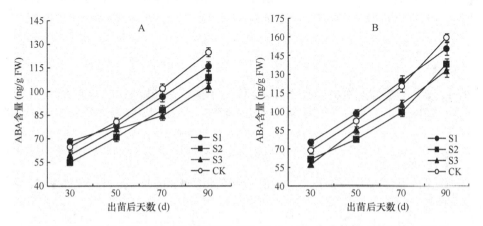

图 6-9　花生冠层上部（A）和冠层下部（B）叶片 ABA 含量差异（梁晓艳，2016）

S1：单粒精播 27 万粒/hm²；S2：单粒精播 22.5 万粒/hm²；S3：单粒精播 18 万粒/hm²；CK：双粒穴播 27 万粒/hm²

冠层下部叶片的上升速率明显高于冠层上部叶片。尤其在花生出苗 70d 之后，冠层下部叶片 ABA 含量迅速增加，其中，S2 和 S3 处理的增加速度小于 CK。到饱果期，S2 和 S3 处理的冠层下部叶片 ABA 含量分别比 CK 低 13.4%和 16.9%，而 S2 和 S3 冠层上部叶片的 ABA 含量分别比 CK 低 12.7%和 17.5%。S1 处理在整个生育期叶片 ABA 含量与 CK 相比均无明显差异。中密度和低密度单粒精播处理有利于降低花生不同冠层叶片 ABA 含量，尤其是生育后期效果较为明显。

通过对花生不同冠层叶片不同激素含量的测定发现，花生生育后期（结荚期和饱果期），中密度和低密度单粒精播处理条件下，花生叶片 IAA、GA 及 Z+ZR 含量均明显高于传统双粒穴播，而 ABA 含量处于较低水平。高密度花生单粒精播处理各指标与 CK 之间差异不明显。花生整个生育期，冠层下部叶片 IAA、GA 及 Z+ZR 含量均低于冠层上部叶片，ABA 含量高于冠层上部叶片，叶片激素含量受密度调控的效果较为明显。高密度单粒精播和传统双粒穴播条件下，花生群体密度较大，后期竞争激烈，容易造成光胁迫和营养失调，引起内部激素含量及比例发生变化，导致过早出现衰老现象。其中冠层下部叶片衰老较快，造成有效光合面积的大量减小。

单粒精播通过影响叶片保护酶活性及激素含量调控叶片的衰老进程。适当降低密度的单粒精播模式，提高了叶片的抗氧化能力，生育后期叶片 SOD、POD 及 CAT 活性均高于 CK，降低了超氧阴离子及羟基自由基等对膜脂的损伤，膜脂过氧化水平降低，延缓了叶片的衰老。另外，中、低密度花生单粒精播模式下，叶片的 IAA、GA 及 Z+ZR 含量明显高于传统双粒穴播，而 ABA 含量明显降低。从叶片内源激素平衡的角度看，中、低密度单粒精播有利于延缓叶片衰老进程，而高密度单粒精播处理对花生生育后期叶片保护酶活性及激素含量的调控效果并不明显，所以，合理的种植方式和密度是花生叶片衰老的重要调控因子。

参 考 文 献

李向东, 王晓云, 张高英. 2001. 花生叶片衰老与活性氧代谢. 中国油料作物学报, 23(2): 31-34.

梁晓艳. 2016. 单粒精播对花生源库特征及冠层微环境的调控. 长沙: 湖南农业大学博士学位论文.

王爱国, 罗广华. 1990. 植物的超氧物自由基与羟胺反应的定量关系. 植物生理学通讯, 26(6): 55-57.

王爱国, 罗广华, 邵从本, 等. 1983. 大豆种子超氧化物歧化酶的研究. 植物生理学报, 9(1): 77-83.

张荣铣, 藏新宾, 许晓明, 等. 1999. 叶片光合功能期与作物光合生产潜力. 南京师范大学学报(自然科学版), 22(3): 376-386.

张艳军, 赵江哲, 张可伟, 等. 2014. 植物激素在叶片衰老中的作用机制研究进展. 植物生理学报, 50(9): 1305-1309.

Jibran R, Hunter D A, Dijkwel P P. 2013. Hormonal regulation of leaf senescence through integration of developmental and stress signals. Plant Mol Biol, 82: 547-561.

Kvien C K, Ozias-Akins P. 1991. Lack of monocarpic senescence in Florunner peanut. Peanut Science, 18(2): 86-90.

Lers A, Jiang W B, Lomaniec E, et al. 1998. Gibberellic acid and CO_2 additive effect in retarding postharvest Senescence of Parsley. Journal of Food Science, 63: 66-68.

Me Collun J P. 1934. Vegetative and reproductive associated with fruit development in cucumber. Mem Cornell Agric Exp Sta, 163: 3.

第七章　单粒精播对花生叶片碳氮代谢的调控

碳氮代谢作为作物体内最基本的两大代谢途径，其代谢状况直接影响作物的生长发育、产量与品质，作物碳氮代谢水平除了受品种特性影响外，还受气候因素及栽培条件等诸多因素影响（郭峰等，2009；Wright and Hammer，1994；Subramanian et al.，1993）。叶片是花生光合作用的主要场所，也是碳氮代谢的主要部位，叶片中的碳氮代谢产物是籽粒中碳氮的主要来源。叶片中碳氮代谢酶活性及碳氮代谢产物含量，共同反映了作物的碳氮代谢水平。其中，叶片蔗糖合酶（SS）、蔗糖磷酸合酶（SPS）、硝酸还原酶（NR）、谷氨酸脱氢酶（GDH）、谷氨酰胺合成酶（GS）及谷氨酸合酶（GOGAT）等，是催化合成可溶性糖、蔗糖、氨基酸和蛋白质等碳氮代谢产物的关键酶，在植物碳氮代谢过程中发挥着重要作用，也是衡量作物产量形成能力的关键指标。据研究，种植方式和密度能显著影响作物的碳氮代谢水平，合理的种植方式及密度，能提高作物的碳氮代谢水平，增加植株的碳氮积累量。因此，提高叶片的碳氮代谢水平，是提高花生产量水平的重要基础。

第一节　单粒精播对花生功能叶片碳代谢的影响

一、SS 和 SPS 活性

蔗糖是光合作用的重要产物，而蔗糖合酶（SS）和蔗糖磷酸合酶（SPS）是蔗糖合成途径中的关键酶。二者活性的高低直接关系着同化物的积累与输出能力，提高叶片中 SS 和 SPS 活性，能有效提高叶片中蔗糖等同化物的合成效率。而且提高了光合产物的输出能力，有利于籽粒中碳水化合物的合成与积累。不同处理之间花生功能叶片中 SS 和 SPS 活性变化趋势相似，均呈先升高后降低的趋势，出苗后 70d 达到最大值，之后逐渐降低（图 7-1）。出苗后 30d，各处理之间 SS 和 SPS 活性差异不明显。从出苗后 50d 开始，花生单粒精播处理 S2 和 S3 叶片中的 SS 与 SPS 活性均高于 CK，到出苗后 90d 差异达到最大，S2 和 S3 处理的 SS 活性分别比 CK 高 19.1% 和 27.2%，SPS 活性分别比 CK 高 22.7% 和 32.7%，S1 处理提高 SS 和 SPS 活性的幅度较小，有时甚至略低于 CK。

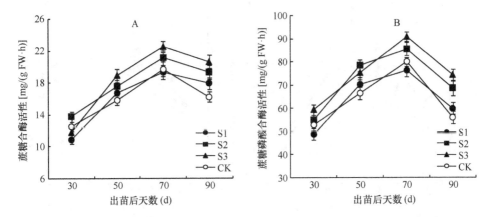

图 7-1　花生功能叶片 SS（A）和 SPS（B）活性差异（梁晓艳，2016）

S1：单粒精播 27 万粒/hm²；S2：单粒精播 22.5 万粒/hm²；S3：单粒精播 18 万粒/hm²；CK：双粒穴播 27 万粒/hm²

　　中、低密度的单粒精播处理中，花生叶片的 SS 及 SPS 活性均显著提高，尤其在生育后期效果更为显著。中、低密度的花生单粒精播处理中，叶片具有较高的光合碳同化能力。尤其是生育后期叶片较高的碳代谢能力，保证了碳代谢产物的供应。而高密度花生单粒精播对两种碳代谢酶活性的影响较小，与传统双粒穴播相比无明显优势。SS 和 SPS 活性受密度因子调控较为明显，适当降低密度，有利于生育后期 SS 和 SPS 活性的提高。

二、叶片可溶性糖和蔗糖含量

　　叶片可溶性糖是植物碳代谢过程的主要产物之一，是反映碳代谢能力及水平的重要指标。而且可溶性糖含量越高，越有利于光合产物向经济器官的转运。蔗糖也是光合碳代谢的重要产物之一，花生碳代谢过程中，叶片代谢产生的蔗糖，经韧皮部组织的运输进入籽粒，再通过一系列蔗糖代谢酶的裂解生成葡萄糖和果糖，以供籽粒中脂肪和蛋白质等碳水化合物的合成。因此，叶片中蔗糖含量的多少及合成水平，直接关系到花生荚果中籽粒的代谢与发育（孙虎等，2007）。同时，叶片中蔗糖及可溶性糖的含量高低，也反映了"源"器官光合同化物的供应能力。花生生育期内不同处理功能叶片中可溶性糖含量均呈先升高后降低的趋势（图 7-2A）。不同的是花生单粒精播处理 S1、S2 和 S3 的可溶性糖含量最大值出现在出苗后 70d，而且从出苗后 70d 开始，S2 和 S3 叶片中可溶性糖含量显著高于 CK。不同处理功能叶片中蔗糖含量变化趋势相似，而且出苗后 30～70d，S2 和 S3 处理蔗糖含量明显高于 CK（图 7-2B）。不同处理之间可溶性糖和蔗糖含量的差异表明，单粒精播处理在提高叶片碳代谢水平方面具有明显的优势。

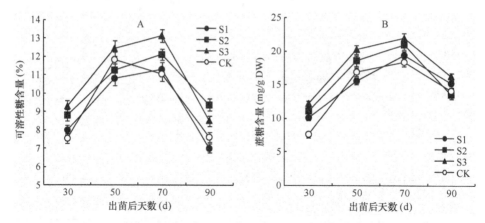

图 7-2 花生功能叶片可溶性糖（A）和蔗糖（B）含量差异（梁晓艳，2016）
S1：单粒精播 27 万粒/hm²；S2：单粒精播 22.5 万粒/hm²；S3：单粒精播 18 万粒/hm²；CK：双粒穴播 27 万粒/hm²

中密度和低密度单粒精播处理均能显著提高花生生育后期叶片的可溶性糖及蔗糖含量。其中，对可溶性糖含量的提高效果尤为明显。而高密度单粒精播处理中叶片可溶性糖及蔗糖含量与对照之间无明显差异。中、低密度单粒精播提高了花生生育后期功能叶片光合碳同化物的供应水平，一定程度上提高了生育后期叶源的质量，这为生育后期荚果的充实饱满提供了代谢基础。

第二节　单粒精播对花生功能叶片氮代谢的影响

氮素是影响植物生长、发育的主要因素。谷氨酰胺合成酶（GS）、谷氨酸合酶（GOGAT）和谷氨酸脱氢酶（GDH）是涉及高等植物氮同化的主要酶（Lam et al.，1996）。GS 催化谷氨酸和 NH_3 在 ATP 供能下生成谷氨酰胺，它与谷氨酸合酶形成的循环反应，为其他所有含氮有机化合物的合成提供前体，GS 在不同植物组织或器官中都存在。GOGAT 催化谷氨酰胺和 2-酮戊二酸之间的氨基转移，生成谷氨酸。GDH 催化谷氨酸的氧化脱氨基或其逆反应。硝酸还原酶（NR）是植物体内硝酸盐同化过程中的第一个酶，也是整个同化过程的限速酶。NR 是由底物诱导的，它所催化的 $NO_3 \rightarrow NO_2^-$ 反应是 NO_3 同化为 NH_3 的限速步骤。因此，它在植物氮代谢中起关键作用，其强弱在一定程度上反映了光合、呼吸及蛋白质合成和氮代谢水平。

一、NR 和 GS 活性

NR 活性受到供氮状况、种植密度及组织衰老程度等条件的影响，而且幼嫩组织中的 NR 活性较高，随着叶片的衰老，其活性逐渐降低。另外，随着供氮量的增加或密度的降低，叶片的 NR 活性均表现出增加的趋势（姜慧芳和任小平，2004；聂呈荣和凌菱生，1998）。不同处理之间花生叶片 NR 活性变化趋势一致，从出苗后 30d 开始，NR 活性呈逐渐降低的趋势（图 7-3A）。生育前期（出苗后 30~50d）各处理间的差异不明显，生育后期（出苗后 70~90d）各处理间出现明显差异，表现为单粒精播各处理 NR 活性明显高于 CK。出苗后 90d 差异达到最大值，S1、S2 和 S3 分别比 CK 高 27.8%、59.0%和 74.7%。中、低密度的单粒精播处理叶片 NR 活性下降较为缓慢，生育后期二者的 NR 活性显著高于 CK。中、低密度的单粒精播处理提高了硝酸盐同化水平。

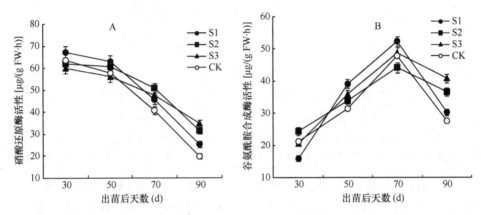

图 7-3　花生功能叶片 NR（A）和 GS（B）活性差异（梁晓艳，2016）
S1：单粒精播 27 万粒/hm^2；S2：单粒精播 22.5 万粒/hm^2；S3：单粒精播 18 万粒/hm^2；CK：双粒穴播 27 万粒/hm^2

　　GS 在氮代谢中属于多功能酶，对多种氮代谢过程具有调节作用，其活性大小可影响其他氮代谢反应，而且可导致部分糖代谢受阻（张智猛等，2006）。花生生育期内 GS 活性呈先升高后降低的趋势，出苗后 30d，S2 和 S3 处理与 CK 之间差异较小，S1 处理低于 CK（图 7-3B）。之后随着生育期的推进，GS 活性迅速升高。其中 S1 处理上升速度最快，到出苗后 70d 达到最大值，各处理间 S1 的活性最高，其次为 S3 和 CK，S2 最低。结荚期（出苗后 70d）之后，GS 活性降低，其中 S1 和 CK 下降速度较快，到出苗后 90d，各处理间 GS 活性大小顺序表现为 S3 > S2 > S1 > CK。所以，高密度花生单粒精播处理 S1 在生育前期 GS 活性表现出明显的优势，但生育后期其活性下降速度较快，不利于后期氮素的代谢。

二、GDH 和 GOGAT 活性

　　GDH 能够促进植物对氨的再同化，特别是在籽粒或果实发育后期，GDH 对于谷氨酸的合成具有重要催化作用。因此，GDH 活性的大小直接关系到作物籽粒蛋白质的合成。花生功能叶片中 GDH 活性变化趋势除了 S1 处理外，均呈先降低后升高再降低的变化趋势（图 7-4A）。而高密度花生单粒精播处理 S1，呈先升高后降低的单峰变化趋势。同一时期各处理间存在差异，出苗后 50～70d，S1 处理 GDH 活性最高，明显高于其他单粒精播处理和 CK。结荚期之后活性迅速下降，到出苗后 90d，S1 处理的 GDH 活性最低，S2 和 S3 处理均高于 CK。

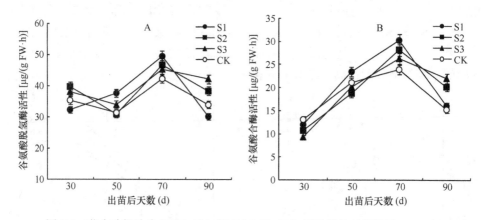

图 7-4　花生功能叶片 GDH（A）和 GOGAT（B）活性差异（梁晓艳，2016）

S1：单粒精播 27 万粒/hm²；S2：单粒精播 22.5 万粒/hm²；S3：单粒精播 18 万粒/hm²；CK：双粒穴播 27 万粒/hm²

GOGAT 也是植物氨同化的关键酶，与 GS 一起组成的氮素循环是植物体内氨同化的主要途径。花生生育期内功能叶片 GOGAT 活性呈先升高后降低的趋势，出苗后 70d 达到峰值（图 7-4B）。同一时期不同处理间存在差异，高密度单粒精播处理 S1 在出苗后 50～70d 表现出明显的优势，GOGAT 活性均高于其他处理，但进入饱果期（出苗后 90d）活性迅速降低。中密度和低密度花生单粒精播处理 S2 和 S3，在生育前期（出苗后 30～50d）与 CK 相比无明显优势，进入结荚期（出苗后 70d），二者均高于 CK，到饱果期差异达到最大。

中、低密度的单粒精播处理均不同程度提高了花生叶片的 GS、GOGAT 和 GDH 活性，这与其具较高的 NR 活性有关，因为 NR 活性的增加可以诱导 GS、GOGAT 和 GDH 活性的增加。单粒精播条件下，适当降低密度提高了叶片的氮代谢酶活性，提高了花生整个生育期叶片的氮代谢效率，这为花生籽仁蛋白质含量及产量的提高提供了代谢基础。

三、游离氨基酸和可溶性蛋白含量

叶片中不同形态氮素含量多少，可反映植物氮素营养水平及生理功能的强弱（Ladha et al.，1998）。可溶性蛋白是植物氮代谢的重要产物，也是叶片中各种酶蛋白的重要成分，其含量不仅反映了叶片氮代谢能力，而且反映了光合酶蛋白的功能状况。而游离氨基酸作为植物内氮同化物的主要运输形式，其含量多少一定程度上代表了植物叶片氮代谢功能的强弱（张智猛等，2008）。据研究，降低密度和施氮处理均能加强叶片的氮代谢功能，提高叶片中蛋白质的合成能力（张智猛等，2011）。花生生育期内，不同处理功能叶片中游离氨基酸含量均呈先升高后降低的趋势（图 7-5A），出苗后 70d 达到最大值，不同处理间表现出明显的差异。出苗后 30～70d，不同密度花生单粒精播处理游离氨基酸含量均高于 CK，高密度单粒精播处理 S1 叶片游离氨基酸含量最高，S2 和 S3 差异不大，但均高于 CK。到出苗后 90d，各处理间差异有所变化，S1 处理降至最低，S3 最高，S2 次之，S3 和 S2 均明显高于 CK。高密度单粒播有利于提高花生生育前期功能叶片中游离氨基酸含量，但不利于后期氨基酸含量保持稳定。中密度和低密度单粒播处理明显提高了生育后期叶片中游离氨基酸含量。

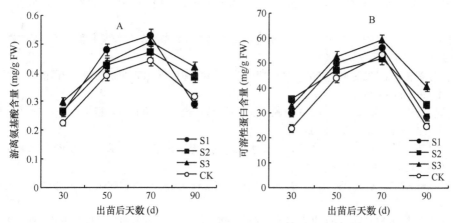

图 7-5　花生叶片游离氨基酸（A）和可溶性蛋白（B）含量差异（梁晓艳，2016）

S1：单粒精播 27 万粒/hm²；S2：单粒精播 22.5 万粒/hm²；S3：单粒精播 18 万粒/hm²；CK：双粒穴播 27 万粒/hm²

花生功能叶片中可溶性蛋白含量的变化趋势与游离氨基酸含量变化趋势相似，均呈先升高后降低的趋势，但不同处理间存在一定差异（图 7-5B）。出苗后 30d，各处理间就表现出明显差异，不同密度单粒精播处理可溶性蛋白含量均高于 CK。到出苗后 70d 各处理均达到最大值，不同处理间差异较小，之后可溶性蛋白含量迅速降低。到出苗后 90d，各处理间叶片可溶性蛋白含量差异较为明显，表现为 S3 > S2 > S1 > CK。单粒播种有利于提高花生生育后期功能叶片中可溶性蛋白含量，而且随着密度的降低提高幅度增加。

单粒精播对花生叶片碳氮代谢具有一定的调控作用。碳代谢方面，中密度和低密度花生单粒精播均不同程度提高了叶片碳代谢相关酶活性及碳代谢产物水平，且生育后期效果尤为明显，高密度单粒精播对碳代谢影响相对较小。氮代谢方面，不同时期不同密度花生单粒精播的影响效果不一致。生育前期，高密度处理花生叶片氮代谢功能要大于传统双粒穴播，中、低密度影响作用较小；生育后期，中、低密度单粒精播模式下叶片氮代谢水平高于 CK，高密度处理花生叶片氮代谢功能的骤升速降变化趋势，不利于生育后期氮代谢产物的持续供给及荚果的充实饱满。中、低密度条件下花生生育后期较高的氮代谢功能，保证了荚果发育过程中蛋白质合成底物的充分供给。

参 考 文 献

郭峰, 万书波, 王才斌, 等. 2009. 麦套花生氮素代谢及相关酶活性变化研究. 植物营养与肥料学报, 15(2): 416-421.

姜慧芳, 任小平. 2004. 干旱胁迫对花生叶片 SOD 活性和蛋白质的影响. 作物学报, 30(2): 169-174.

梁晓艳. 2016. 单粒精播对花生源库特征及冠层微环境的调控. 长沙: 湖南农业大学博士学位论文.

聂呈荣, 凌菱生. 1998. 花生不同密度群体施用植物生长调节剂对生长发育和氮素代谢的影响. 中国油料作物学报, 20(4): 47-51.

孙虎, 李尚霞, 王月福, 等. 2007. 施氮量对花生叶片蔗糖代谢及产量的影响. 中国油料作物学报, 29(4): 456-459.

张智猛, 万书波, 戴良香, 等. 2011. 施氮水平对不同花生品种氮代谢及相关酶活性的影响. 中国农业科学, 44(2): 280-290.

张智猛, 万书波, 宁堂原, 等. 2008. 氮素水平对花生氮素代谢及相关酶活性的影响. 植物生态学报, 32(6): 1407-1416.

张智猛, 张威, 胡文广, 等. 2006. 高产花生氮素代谢相关酶活性变化的研究. 花生学报, 35(1): 8-12.

Ladha J K, Kirk G J D, Bennett J, et al. 1998. Opportunities for increased nitrogen use efficiency from improved lowland rice germplasm. Field Crops Research, 56(2): 41-71.

Lam H M, Coschigano K T, Oliveira I C. 1996. The molecular-genetics of nitrogen assimilation into amino acids in higher plants. Annu Rev Plant Physiol Plant Mol Biol, 47: 569-593.

Subramanian V B, Reddy G J, Maheswari M. 1993. Photosynthesis and plant water status of irrigated and dry land cultivars of groundnut. Ind J Plant Physiol, 36(4): 236-238.

Wright G C, Hammer G L. 1994. Distribution of nitrogen and radiation use efficiency in peanut canopies. Aust J Agric Res, 45(3): 565-574.

第八章 单粒精播对花生养分吸收及分配的调控

作物高产的基础是最大限度地提高群体的光合生物量，并以较大的比例转移到经济器官中去。高产花生品种产量提高主要是提高了经济系数，即提高了营养物质向荚果的分配转移率，生物产量的提高亦起重要作用（万勇善等，1999）。因此，通过采取一定措施提高经济系数是提高花生产量的重要途径。营养物质向花生荚果的分配转移率及经济系数的高低，反映了源器官光合产物分配并转运到库器官的能力大小，即流的畅通性（潘晓华和邓强辉，2007）。作物要获得高产，不光要实现源库协调，还要实现"流"的通畅。作物对营养物质的吸收与分配特性，除了与作物本身的品种特性有关外，还与一定的栽培技术有关。赵桂范等（1995）研究发现，不同种植方式对大豆植株干物质积累及氮、磷、钾等营养元素的吸收与分配均有不同程度的影响。

氮、磷、钾是花生生长所必需的大量元素，它们在植物体内的累积与分配是花生产量形成的基础（李向东和张高英，1992）。钙也是花生生长发育所必需的营养元素，其能增强碳、氮等化合物的代谢，提高蛋白质及其他营养物质向籽粒的分配转移率，减少空壳，提高荚果饱满度（孙彦浩和陶寿祥，1991）。合理的种植方式及密度，能促进养分的吸收及营养物质向生殖器官的分配转移（赵桂范等，1995；翟云龙，2005；娄善伟等，2010）。为探明单粒精播与双粒穴播花生养分利用差异，进行了不同密度单粒精播对花生养分吸收及分配影响的研究。

第一节 单粒精播对花生氮素吸收及分配的影响

一、单株及群体氮素的累积吸收

花生生育期内单株及群体氮素累积吸收量均呈逐渐上升的趋势，饱果期氮素累积达到高峰（图8-1）。各生育期内，不同处理之间氮素累积吸收量存在显著差异。从单株累积吸收量来看，苗期（出苗后30d）和花针期（出苗后50d），不同密度单粒精播处理S1、S2和S3均高于CK。结荚期（出苗后70d）和饱果期（出苗后90d），S2和S3处理均显著高于CK，饱果期差异最为显著，二者分别比CK高22.5%、31.0%，而S1处理与CK之间无显著差异。从群体累积吸收量来看，苗期S1和S2处理均显著高于CK，S3处理与CK之间无显著差异。花针期S1和S2处理显著高于CK，分别比CK高12.8%、14.0%，而S3处理显著低于CK。

结荚期 S1 和 S2 处理均略高于 CK，而 S3 处理显著低于 CK。进入饱果期，S2 处理显著高于 CK，S1 处理与 CK 无显著差异，S3 处理显著低于 CK。

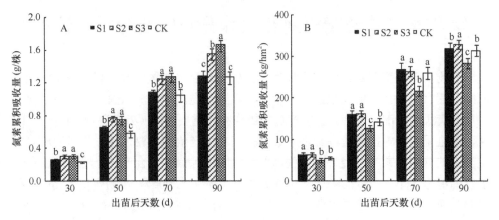

图 8-1 不同栽培模式下花生单株（A）和群体（B）氮素累积吸收量的差异（梁晓艳，2016）

S1：单粒精播 27 万粒/hm²；S2：单粒精播 22.5 万粒/hm²；S3：单粒精播 18 万粒/hm²；CK：双粒穴播 27 万粒/hm²；不同小写字母表示同一生育时期不同处理间在 $P < 0.05$ 水平上差异显著

二、氮素的分配特性

不同密度花生单粒精播处理与传统双粒穴播 CK，在花生生育期内，各部位氮素累积分配及荚果分配系数存在明显差异（表 8-1）。苗期（出苗后 30d）和花针期（出苗后 50d），花生氮素累积主要分布在叶和茎，叶含量最高，其次为茎，根最少。同一时期内不同处理之间氮素累积分配也表现不同，其中 S1 和 S2 处理在根、茎、叶部位的氮素累积量明显高于 CK，而 S3 处理除了根的高于 CK，其余部位与 CK 之间无明显差异甚至低于 CK。结荚期（出苗后 70d），氮素累积开始转向荚果，根、茎、叶中氮素累积量逐渐减少。其中，S2 处理的荚果中氮素累积量最高，其次为 S1 和 CK，S3 最低。饱果期（出苗后 90d），氮素大部分转移到荚果，荚果分配系数达 0.73～0.76。其中，S2 和 S3 处理显著高于 S1 处理与 CK，S2 处理中荚果氮素累积量最高，比 CK 高 10.0%，S1 处理略高于 CK，S3 处理最低，但与 CK 差异不显著。中密度的花生单粒精播处理 S2，不仅增加了各部位氮素累积量，而且提高了荚果分配系数。

表 8-1 不同栽培模式下花生氮素分配特性的差异（梁晓艳，2016）

生育期	处理	根（kg/hm²）	茎（kg/hm²）	叶（kg/hm²）	荚果（kg/hm²）	荚果分配系数
苗期	S1	3.5±0.12a	17.4±0.56a	41.5±1.23a		
	S2	3.6±0.09a	18.5±0.44a	40.8±1.05a		
	S3	3.7±0.11a	14.3±0.29b	33.0±1.14c		
	CK	3.1±0.07b	14.4±0.43b	37.4±0.98b		

续表

生育期	处理	根（kg/hm²）	茎（kg/hm²）	叶（kg/hm²）	荚果（kg/hm²）	荚果分配系数
花针期	S1	6.0±0.14a	52.5±1.25a	101.6±2.18a		
	S2	5.1±0.09a	58.1±2.14a	99.3±1.96a		
	S3	5.1±0.12b	44.8±1.13b	76.9±2.11c		
	CK	5.4±0.10b	46.8±1.61b	89.8±1.86b		
结荚期	S1	5.2±0.13a	51.0±1.84a	97.4±2.17a	116.7±2.56b	0.43±0.01c
	S2	5.4±0.17a	43.0±1.40b	91.9±2.45a	123.8±1.94a	0.47±0.02a
	S3	4.7±0.08b	38.0±1.08c	73.2±2.62b	101.3±2.13c	0.47±0.01a
	CK	4.5±0.12b	39.4±0.81c	97.4±1.71a	116.0±1.78b	0.45±0.00b
饱果期	S1	4.4±0.09b	24.9±0.72a	57.5±1.86a	232.1±5.36b	0.73±0.01b
	S2	4.8±0.18a	21.9±1.24b	58.0±1.44a	249.3±3.89a	0.75±0.01a
	S3	4.3±0.11b	17.8±0.93c	48.4±2.01b	219.1±4.12c	0.76±0.00a
	CK	3.6±0.17c	21.3±0.78b	58.5±1.84a	226.6±3.15bc	0.73±0.01b

　　注：S1：单粒精播 27 万粒/hm²；S2：单粒精播 22.5 万粒/hm²；S3：单粒精播 18 万粒/hm²；CK：双粒穴播 27 万粒/hm²；表中数据后不同小写字母代表在 $P < 0.05$ 水平上差异显著

第二节　单粒精播对花生磷素吸收及分配的影响

一、单株及群体磷素的累积吸收

　　从花生单株磷素累积吸收量来看，单粒精播处理 S2 和 S3 在整个生育期内磷素累积吸收量均高于 CK（图 8-2），而 S1 处理在饱果期（出苗后 90d）之前，磷素累积吸收量显著高于 CK，饱果期与 CK 无显著差异。花生单粒精播各处理在生育前期，单株磷素累积吸收量均表现出一定的优势，生育后期高密度的单粒精播处理优势逐渐消失，这与较高群体密度下花生易早衰有关。从群体磷素累积吸收量来看，苗期（出苗后 30d）各处理之间差异较小，未达显著水平。进入花针期（出苗后 50d），单粒精播处理 S1 显著高于 CK，S2 与 CK 之间差异不显著，S3 处理磷素累积吸收量最低，显著低于 CK。结荚期（出苗后 70d）各处理间差异与花针期表现相似。进入饱果期，S1 和 S2 处理与 CK 之间均无显著差异，而 S3 处理显著低于 CK。中密度的单粒精播处理 S2 与 CK 相比，虽然密度有所降低，但是群体磷素累积吸收量并没有降低。

二、磷素的分配特性

　　花生生育期内各处理之间，不同部位磷素累积分配规律基本一致，趋势是营养器官的分配率随生育期的渐进而降低，生殖器官的分配率则随之升高（表 8-2）。

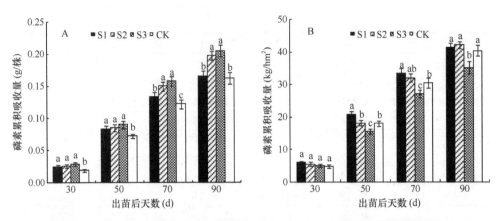

图 8-2 不同栽培模式下花生单株（A）和群体（B）磷素累积吸收量的差异（梁晓艳，2016）

S1：单粒精播 27 万粒/hm²；S2：单粒精播 22.5 万粒/hm²；S3：单粒精播 18 万粒/hm²；CK：双粒穴播 27 万粒/hm²；
不同小写字母表示同一生育时期不同处理间在 $P < 0.05$ 水平上差异显著

表 8-2 不同栽培模式下花生磷素分配特性的差异（梁晓艳，2016）

生育期	处理	根（kg/hm²）	茎（kg/hm²）	叶（kg/hm²）	荚果（kg/hm²）	荚果分配系数
苗期	S1	0.41±0.01a	2.39±0.12a	2.75±0.11b		
	S2	0.38±0.00a	2.04±0.08b	3.04±0.08a		
	S3	0.32±0.01b	1.81±0.06b	2.83±0.08a		
	CK	0.35±0.01b	1.93±0.05b	2.22±0.06c		
花针期	S1	0.69±0.02a	8.21±0.24a	9.82±0.25a		
	S2	0.67±0.01a	8.76±0.31a	8.49±0.34b		
	S3	0.54±0.02c	7.60±0.23b	7.66±0.19c		
	CK	0.58±0.02b	6.67±0.19c	8.47±0.21b		
结荚期	S1	0.52±0.01a	7.17±0.24a	10.37±0.33a	15.34±0.54b	0.46±0.01b
	S2	0.47±0.00b	5.37±0.11b	8.85±0.28b	16.97±0.42a	0.52±0.01a
	S3	0.43±0.02c	5.53±0.18c	7.24±0.21c	13.86±0.38c	0.51±0.00a
	CK	0.49±0.01a	5.35±.023b	9.17±0.32b	14.49±0.44b	0.48±0.01b
饱果期	S1	0.46±0.02a	6.00±0.21a	5.91±0.18a	29.06±1.14b	0.70±0.01b
	S2	0.46±0.01a	4.48±0.16b	5.76±0.20a	31.54±1.21a	0.75±0.02a
	S3	0.38±0.00b	4.03±0.11b	4.96±0.15b	26.87±0.87c	0.74±0.01a
	CK	0.39±0.01b	5.92±0.13a	5.24±0.14b	28.25±1.02b	0.71±0.00b

注：S1：单粒精播 27 万粒/hm²；S2：单粒精播 22.5 万粒/hm²；S3：单粒精播 18 万粒/hm²；CK：双粒穴播
27 万粒/hm²；表中数据后不同小写字母代表在 $P < 0.05$ 水平上差异显著

苗期大部分磷素主要分配在茎和叶中，叶的分配系数最高，达 0.49～0.57，单粒
精播处理 S2 和 S3 叶中磷素分配系数分别比 CK 高 12.8% 和 15.7%。茎中磷素累
积量次之，分配系数为 0.36～0.43，S2 和 S3 处理略低于 CK。进入花针期，叶中
磷素分配系数略有降低，为 0.47～0.54，而茎的分配系数有所升高，为 0.43～0.48，

S2 和 S3 处理的茎分配系数均高于 CK。进入结荚期，大部分磷素转移到荚果，荚果分配系数达 0.46～0.52，S2 和 S3 处理均显著高于 CK，而 S1 与 CK 无显著差异。饱果期，荚果分配系数达到最高，S2 和 S3 处理分别为 0.75 和 0.74，均显著高于 CK，适宜密度的花生单粒精播处理能提高磷素向荚果的分配转移率。

第三节　单粒精播对花生钾素吸收及分配的影响

一、单株及群体钾素的累积吸收

花生生育期内，单株及群体钾素累积吸收量均呈先升高后降低的趋势，结荚期钾素累积吸收量达到高峰，到饱果期略有降低，而同一时期内不同处理之间的单株及群体钾素累积吸收量均表现不同（图 8-3）。从单株累积吸收量来看，单粒精播处理 S1、S2 和 S3 均能显著提高花生生育前期钾素的累积吸收量，S2 和 S3 处理效果更为显著。进入结荚期（出苗后 70d），S1 处理与 CK 之间无显著差异，到饱果期（出苗后 90d）略低于 CK。不同密度单粒精播均能提高花生生育前期钾素的单株累积吸收水平，而高密度单粒精播处理在生育后期与 CK 相比无显著差异。从群体累积吸收量来看，单粒精播处理 S2 的钾素累积吸收量在花生整个生育期内都处于较高水平，均显著高于 CK。S1 在饱果期之前均高于 CK，饱果期略低于 CK，但差异不显著。而 S3 仅在苗期（出苗后 30d）高于 CK，结荚期和饱果期均低于 CK。想要提高群体的钾素累积吸收量，不仅要提高花生单株对养分的吸收能力，而且要保证足够的群体数量。

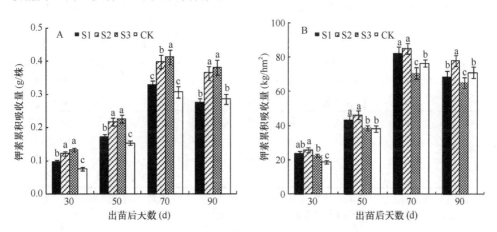

图 8-3　不同栽培模式下花生单株（A）和群体（B）钾素累积吸收量的差异（梁晓艳，2016）

S1：单粒精播 27 万粒/hm²；S2：单粒精播 22.5 万粒/hm²；S3：单粒精播 18 万粒/hm²；CK：双粒穴播 27 万粒/hm²；

不同小写字母表示同一生育时期不同处理间在 $P < 0.05$ 水平上差异显著

二、钾素的分配特性

不同处理在整个花生生育过程中的钾素累积分配规律基本一致（表 8-3）。营养生长阶段，钾素主要分配在叶和茎。苗期叶中钾素分配系数为 0.54～0.61，茎为 0.35～0.40，单粒精播处理 S1、S2 和 S3 的叶片中钾素累积量和分配系数均高于 CK。进入花针期，叶中钾素分配系数略有降低，为 0.45～0.48，而茎的略有升高，为 0.49～0.52。进入结荚期，叶和茎中钾素分配系数逐渐降低，到饱果期降至最低。其中，叶中钾素分配系数仅为 0.16～0.18，而茎中钾素分配系数高于叶片，为 0.31～0.32。生育后期叶中钾素的转移输出率较高，而茎中钾素向荚果的转移率则较低，饱果期茎中仍然具有较高的钾素积累量。饱果期 S1、S2 和 S3 处理的荚果分配系数分别为 0.48、0.50 和 0.51，除了 S1 处理外，S2 和 S3 处理均显著高于 CK，表明单粒精播适当地降低密度有利于提高花生荚果的分配系数。

表 8-3 不同栽培模式下花生钾素分配特性的差异（梁晓艳，2016）

生育期	处理	根（kg/hm²）	茎（kg/hm²）	叶（kg/hm²）	荚果（kg/hm²）	荚果分配系数
苗期	S1	1.01±0.02b	8.52±0.32b	14.33±0.37a		
	S2	1.18±0.03a	9.47±0.21a	15.22±0.41a		
	S3	0.94±0.02b	7.93±0.24bc	13.89±0.29a		
	CK	0.99±0.01b	7.55±0.28c	10.25±0.38b		
花针期	S1	1.16±0.03a	21.33±0.76b	20.75±0.72a		
	S2	1.13±0.04ab	24.32±0.88a	20.69±0.35a		
	S3	1.06±0.02b	19.30±0.65c	17.96±0.48b		
	CK	1.09±0.01b	18.66±0.72c	18.60±0.55b		
结荚期	S1	1.13±0.02b	35.33±1.24a	31.51±1.22a	13.39±0.52b	0.16±0.01b
	S2	1.28±0.03a	35.38±1.16a	30.98±1.08a	16.44±0.44a	0.19±0.01a
	S3	0.98±0.03c	31.18±1.22b	25.93±0.88b	13.10±0.40b	0.18±0.00a
	CK	1.01±0.02c	32.02±1.04b	30.60±1.36a	12.80±0.36b	0.17±0.00ab
饱果期	S1	0.97±0.01b	22.3±0.81ab	12.57±0.44a	33.26±1.12b	0.48±0.01b
	S2	1.16±0.04a	24.05±0.96a	13.10±0.25a	39.01±1.52a	0.50±0.01a
	S3	0.93±0.02b	21.05±0.74b	10.13±0.32b	33.21±1.34b	0.51±0.01a
	CK	0.95±0.03b	23.02±0.82a	12.93±0.46a	34.36±1.28b	0.48±0.00b

注：S1：单粒精播 27 万粒/hm²；S2：单粒精播 22.5 万粒/hm²；S3：单粒精播 18 万粒/hm²；CK：双粒穴播 27 万粒/hm²；表中数据后不同小写字母代表在 $P < 0.05$ 水平上差异显著

中密度的单粒精播（S2）条件下，花生生育期内单株及群体的氮、磷、钾累积吸收量均得到显著提高。低密度的单粒精播（S3）条件下，花生的单株氮、磷、钾累积吸收量有显著提高，而群体累积吸收量均低于 CK，与群体密度不足有关。

而高密度的花生单粒精播处理 S1，在生育前期单株及群体氮、磷、钾的累积吸收量与 CK 相比均具有一定优势，但是生育后期优势逐渐消失甚至低于 CK。原因是过高的种植密度下，植株间竞争加剧，生育后期群体和个体矛盾突出，花生过早出现衰老现象，导致养分吸收及代谢功能的下降，影响了后期养分的吸收与累积。

翟云龙（2005）对不同种植密度下春大豆的氮、磷、钾吸收分配特性进行了研究，中、低密度处理下，更有利于营养物质向生殖器官的转移和单株产量的提高。娄善伟等（2010）对不同密度条件下，棉花氮、磷、钾累积吸收动态及其分配特征进行了研究，适宜的种植密度能够有效提高生殖器官中养分的分配转移率，从而提高产量。中、低密度的单粒精播处理，均能有效地提高花生荚果的氮、磷、钾分配系数，同时提高花生的经济系数。在改传统双粒穴播为单粒精播的基础上，适当地降低播种量，能有效地提高花生荚果中营养物质的分配转移率。

第四节　单粒精播对花生钙素吸收及分配的影响

一、单株及群体钙素的累积吸收

花生苗期和花针期（出苗后 30d 和 50d）对钙素的累积吸收相对较少（图 8-4）。花针期之后，花生对钙素的累积吸收迅速增加。到结荚期（出苗后 70d）达到高峰，与花针期相比，各处理单株钙素累积吸收量增加幅度达 347%～428%，群体增加幅度为 393%～446%。花生生育前期对钙素的累积吸收较少，而荚果膨大期是花生吸收钙素的高峰期。相同时期内不同处理之间也存在一定差异，从单株累

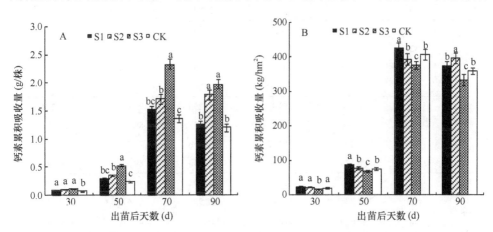

图 8-4　不同栽培模式下花生单株（A）和群体（B）钙素累积吸收量的差异（梁晓艳，2016）
S1：单粒精播 27 万粒/hm²；S2：单粒精播 22.5 万粒/hm²；S3：单粒精播 18 万粒/hm²；CK：双粒穴播 27 万粒/hm²；不同小写字母表示同一生育时期不同处理间在 $P < 0.05$ 水平上差异显著

积吸收量来看，花针期 S1、S2 和 S3 处理的钙素累积吸收量均高于 CK。其中，低密度的花生单粒精播处理 S3 累积吸收量最大，单株钙素累积吸收量高达 2.3g，比 CK 增加 70.2%。其次是 S2，比 CK 增加 25.7%。S1 增加幅度最小，与 CK 相比增加 11.9%。进入饱果期（出苗后 90d），单株钙素累积吸收量有所降低，但中密度和低密度的单粒精播处理仍然保持较高的钙素累积吸收量。花生整个生育期内，低密度单粒精播处理 S3 的群体钙素累积吸收量均低于 CK，而高密度花生单粒精播处理 S1 从苗期到结荚期均显著高于 CK，饱果期与 CK 无显著差异。中密度花生单粒精播处理 S2 在整个生育期内，群体钙素累积吸收量与 CK 之间均无显著差异。中密度花生单粒精播与 CK 相比，虽然密度降低，但群体钙素累积吸收量并没有减少。

二、钙素的分配特性

苗期和花针期花生各部位钙素累积量都较低，但主要集中在茎和叶，二者的分配系数为 0.93～0.95，根仅为 0.05～0.07。花针期之后，钙素吸收迅速增加，根、叶和茎中钙素累积量迅速增加（表 8-4）。另外，随着荚果的形成与发育，一部分钙素进入荚果。结荚期各处理间荚果分配系数为 0.21～0.22，各处理间无明显差

表 8-4　不同栽培模式下花生钙素分配特性的差异（梁晓艳，2016）

生育期	处理	根（kg/hm²）	茎（kg/hm²）	叶（kg/hm²）	荚果（kg/hm²）	荚果钙分配系数
苗期	S1	1.66a	7.34a	14.65a		
	S2	1.51a	6.98b	13.45ab		
	S3	1.02c	5.59b	9.60c		
	CK	1.38b	5.11b	12.21b		
花针期	S1	3.98a	34.47a	47.96a		
	S2	3.60b	32.47ab	41.85b		
	S3	3.55b	31.46b	42.56b		
	CK	3.24c	28.03c	38.99c		
结荚期	S1	8.73a	118.91a	190.29a	90.94a	0.21a
	S2	7.39b	122.13a	175.19b	88.34a	0.22a
	S3	5.26c	117.32a	176.06b	77.97b	0.21a
	CK	8.12a	117.31a	192.43a	89.52a	0.22a
饱果期	S1	8.57a	123.37b	156.40a	86.56b	0.23a
	S2	8.70a	133.81a	158.22a	96.01a	0.24a
	S3	4.90b	110.87c	139.49b	81.17c	0.24a
	CK	7.53a	120.43c	149.98a	89.97b	0.24a

注：S1：单粒精播 27 万粒/hm²；S2：单粒精播 22.5 万粒/hm²；S3：单粒精播 18 万粒/hm²；CK：双粒穴播 27 万粒/hm²；表中数据后不同小写字母代表在 $P < 0.05$ 水平上差异显著

异。进入饱果期，不同部位钙素累积量变化不大，茎和叶中累积量也并无减少，荚果中钙素累积量也趋于稳定，分配系数为 0.23～0.24。不同密度花生单粒精播处理间荚果钙素累积量有所差异，但荚果分配系数并无明显差异。

　　钙素的吸收规律与氮、磷、钾不同，它在植物体内的移动性较小，而且在不同的生育时期，花生对钙素的需求量不同。前期对钙素的需求量相对较少，主要通过根吸收。结荚期花生对钙素的需求量最大，荚果发育所需的钙素主要通过果针和幼果吸收（万书波，2003）。种植方式及密度对钙素吸收的影响，主要通过调节根系及果针的吸收能力来实现。中密度和低密度单粒精播处理能显著提高花生单株对钙素的吸收能力。高密度的单粒精播处理与 CK 相比，前期有一定优势，后期与 CK 无明显差异。可能是生育前期不同密度单粒精播均不同程度地改善了花生的根系发育及吸收能力，促进了钙素的吸收，而随着花生的进一步发育，中密度和低密度单粒精播处理的单株果针数及荚果发育水平表现出明显的优势，所以生育后期钙素吸收水平的增加可能与单株荚果发育水平增加有关。从钙素的吸收分配规律来看，不同密度花生单粒精播对荚果钙素的分配规律并没有影响，但是钙素对其他营养物质向籽仁中运转的分配速率可能会产生影响。

　　单粒精播对花生养分吸收及分配具有明显的调控作用，不同密度的单粒精播处理对花生生育前期单株氮、磷、钾、钙的吸收均有不同程度的提高作用，并且随着密度的降低，提高幅度加大。生育后期，高密度花生单粒精播处理的单株养分吸收优势逐渐消失，与传统双粒穴播相比无明显差异。而中、低密度花生单粒精播处理仍然表现较高的养分吸收水平。从群体养分累积吸收量来看，中密度花生单粒精播处理虽然密度有所降低，但群体养分累积吸收量并没有减少，其至有所增加。而高密度单粒精播处理前期表现出一定的优势，后期养分累积吸收量并没有增加，其至有所减少。低密度花生单粒精播处理由于密度过度降低，群体养分累积吸收量与 CK 相比明显减少。从养分分配特性看，中、低密度的单粒精播处理有利于荚果氮、磷、钾分配系数的提高，而高密度单粒精播处理与传统双粒穴播相比无明显差异。另外，单粒精播处理对花生荚果钙的分配系数无明显影响。

参 考 文 献

李向东, 张高英. 1992. 高产夏花生营养积累动态的研究. 山东农业大学学报, 23(1): 36-40.

梁晓艳. 2016. 单粒精播对花生源库特征及冠层微环境的调控. 长沙: 湖南农业大学博士学位论文.

娄善伟, 高云光, 郭仁松, 等. 2010. 不同栽培密度对棉花植株养分特征及产量的影响. 植物营养与肥料学报, 16(4): 953-958.

潘晓华, 邓强辉. 2007. 作物收获指数的研究进展. 江西农业大学学报, 29(1): 1-5.

孙彦浩, 陶寿祥. 1991. 花生的钙素营养特点和钙肥施用的研究概况. 中国油料作物学报, (3):

　　　81-82.

万书波. 2003. 中国花生栽培学. 上海: 上海科学技术出版社.

万勇善, 曲华建, 李向东, 等. 1999. 花生品种高产生理机制的研究. 花生科技, (增刊): 271-275.

翟云龙. 2005. 种植密度对高产春大豆生长发育及氮磷钾吸收分配的效应研究. 乌鲁木齐: 新疆
　　　农业大学硕士学位论文.

赵桂范, 连成才, 郑天琪, 等. 1995. 种植方式对大豆植株干物质积累及养分吸收影响的研究.
　　　大豆科学, 14(3): 233-240.

第九章 单粒精播对花生荚果发育的调控

源库学说认为，作物产量不仅取决于光合源的物质生产能力，还取决于库容量和库强度，充足的库容量和较高的库强度，可促进光合源的物质生产与转运。据研究，库容量大小是限制产量的主要因素，并且库容量的大小对源的生产具有反馈作用（王婷等，2000；陆卫平等，1997），因此，要提高作物产量，必须扩大群体库容量。

作物品种源库特征与产量形成的关系，是对一定生态环境与栽培条件的反映。通过合理的栽培措施实现源、库关系的协调是作物获得高产的生理基础（周海燕等，2007），而种植方式和密度是调节作物源库特征及产量形成的有效栽培措施。充足的光合源和较大的库容量是作物高产的重要特征，其中，库容量的大小，一定程度上决定了作物经济产量的大小，而库容量的大小除了受品种本身特性影响外，主要还受种植密度的影响。随着种植密度的增加，作物群体库容量增加。但是，密度过大，不利于库的充实与饱满。在一定的生态环境条件下，根据作物品种特性，采用合理的种植方式与密度，建立大小适宜的库容量，协调好源-库之间关系，是作物产量提高的重要途径。

通过对不同密度单粒精播模式下花生荚果库的发育及籽粒代谢水平研究，探讨单粒精播对荚果库容量和库活性的调控作用，对建立最佳的群体结构、实现产量最大化具有重要意义。

第一节 单粒精播对花生荚果库的影响

花生荚果库的大小在一定程度上也决定着花生的经济产量。库强度代表了库器官对同化物的竞争能力，其强弱由库器官接受同化物的内在能力所决定。库强度的大小等于库容量和库活力的乘积，反映花生荚果库强度的指标主要包括荚果的大小（体积）、多少和代谢活性等。库的质量水平主要表现在形态和生理两方面，形态指标如荚果体积、荚果数量和荚果粒重等，生理指标如荚果中籽粒代谢酶活性及代谢产物供应水平等。

一、单株和群体的荚果数量

出苗后 60d，花生荚果开始发育，但数量较少（图 9-1）。传统双粒穴播 CK

中单株荚果数仅为 1.8 个，而单粒精播处理 S1、S2 和 S3 分别为 2.6 个、5.0 个和 6.0 个，均高于 CK，单粒精播有利于荚果的提前发育。之后荚果数量开始迅速增加，到出苗后 70d，各处理间表现出明显的差异。S1、S2 和 S3 处理单株荚果数均高于 CK，密度越低，单株荚果数越多。随着生育期的进一步推进，荚果数继续增加。到结荚期（出苗后 90d）末，荚果数基本停止增长，不同密度单粒精播处理 S1、S2 和 S3 分别比 CK 高 8.3%、22.2% 和 33.7%。从群体荚果数来看，S1 和 S2 处理在整个荚果发育过程中均高于 CK，而且荚果发育后期表现更为明显。到出苗后 100d，S1 和 S2 处理分别比 CK 高 9.4% 和 5.9%，而 S3 处理在出苗后 80d 之前略高于 CK，之后明显低于 CK。

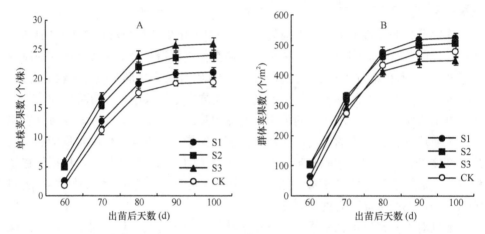

图 9-1　不同栽培模式下花生单株（A）和群体（B）荚果数的差异（梁晓艳，2016）

S1：单粒精播 27 万粒/hm²；S2：单粒精播 22.5 万粒/hm²；S3：单粒精播 18 万粒/hm²；CK：双粒穴播 27 万粒/hm²

二、单株荚果体积及其增长速率

不同密度单粒精播处理 S1、S2 和 S3 单株荚果体积均高于 CK，而且密度越低，单株荚果体积越大，随着荚果的进一步发育，各处理间差异逐渐变大（图 9-2）。到出苗后 70d，S1、S2 和 S3 处理单株荚果体积分别比 CK 高 9.5%、21.0% 和 28.8%。出苗后 90~100d，荚果体积基本停止增长，各处理间差异保持不变。从荚果体积增长速率来看，各处理均呈先增加后降低的趋势。出苗后 70d，增长速率达到最大值，之后增长速率迅速降低。荚果发育过程中不同处理间荚果体积增长速率存在明显差异，而且主要集中在出苗后 80d 之前，各处理间趋势表现为 S3 > S2 > S1 > CK。不同密度单粒精播处理与传统双粒穴播之间，由于荚果体积增长速率不同，单株荚果体积存在明显差异。单粒精播处理有利于荚果的膨大，增加了单株荚果体积，明显提高了花生单株荚果库的容量。

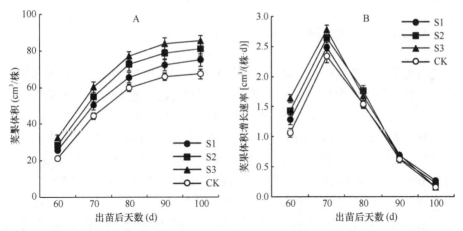

图 9-2　不同栽培模式下花生单株荚果体积（A）及其增长速率（B）的差异（梁晓艳，2016）
S1：单粒精播 27 万粒/hm²；S2：单粒精播 22.5 万粒/hm²；S3：单粒精播 18 万粒/hm²；CK：双粒穴播 27 万粒/hm²

三、群体荚果体积及其增长速率

群体荚果体积及其增长速率的变化趋势与单株变化趋势相似，群体荚果体积呈逐渐增加趋势，到饱果期（出苗后 90d）逐渐稳定。荚果体积增长速率呈先升后降的变化趋势，出苗后 70d 增长速率达到最大值（图 9-3）。各处理间群体荚果体积的差异与单株差异表现不一致，出苗后 60d，各处理间差异相对较小。出苗后 70d，各处理间群体荚果体积表现为 S1 > CK > S2 > S3，之后随着荚果的发育，荚果体积不断增加，各处理间差异逐渐变大。到出苗后 90d，荚果体积基本停止增加，不同密度单粒精播处理 S1 和 S2 分别比 CK 高 10.7% 和 2.6%，而 S3 处理比 CK 低 10.5%。

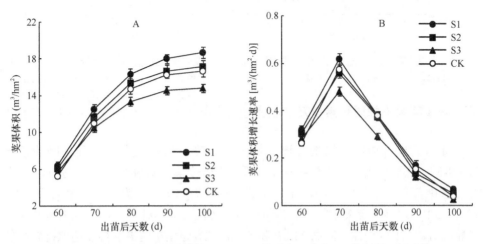

图 9-3　不同栽培模式下花生群体荚果体积（A）及其增长速率（B）的差异（梁晓艳，2016）
S1：单粒精播 27 万粒/hm²；S2：单粒精播 22.5 万粒/hm²；S3：单粒精播 18 万粒/hm²；CK：双粒穴播 27 万粒/hm²

四、单株荚果干物质积累量及其积累速率

花生荚果发育过程中，荚果干物质积累量呈逐渐增加的趋势，积累速率呈先升高后降低的趋势（图 9-4）。不同密度单粒精播处理均能不同程度地提高花生单株荚果干物质积累量，密度越低，提高幅度越大，而且随着荚果的进一步发育，差异逐渐变大。到出苗后 100d，差异达到最大，S1、S2 和 S3 处理单株荚果干物质积累量分别比 CK 高 4.1%、28.8% 和 38.4%。从单株荚果干物质积累速率来看，出苗后 60d，各处理积累速率相对较为缓慢。出苗后 70d 之后，干物质积累速率迅速增加。出苗后 80d 达到最大值，表现为 S3 > S2 > S1 > CK，之后干物质积累速率开始下降。其中，S1 处理与 CK 迅速降低，而 S2 和 S3 处理下降较为缓慢。中密度和低密度单粒精播处理能够明显提高花生生育后期荚果干物质积累速率，使生育后期荚果干物质积累持续增长，从而促进了荚果的充实与饱满。

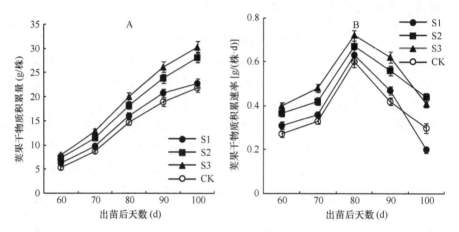

图 9-4 不同栽培模式下花生单株荚果干物质积累量（A）及其积累速率（B）的差异（梁晓艳，2016）
S1：单粒精播 27 万粒/hm²；S2：单粒精播 22.5 万粒/hm²；S3：单粒精播 18 万粒/hm²；CK：双粒穴播 27 万粒/hm²

五、群体荚果干物质积累量及其积累速率

群体荚果干物质积累量呈逐渐增加的趋势，积累速率呈先升后降的趋势（图 9-5）。从群体荚果干物质积累量来看，中密度单粒精播处理 S2 在整个荚果发育过程中都具有明显的优势，尤其在荚果发育后期优势更为明显。出苗后 90～100d，S2 处理群体荚果干物质积累量分别比 CK 高 8.4% 和 10.8%。高密度花生单粒精播处理 S1 分别比 CK 高 11.2% 和 5.3%。S1 处理在荚果发育前期保持较高的荚果干物质积累速率，到荚果发育后期干物质积累速率迅速下降，导致后期荚果干物质积累增长缓慢，这与高密度条件下叶片的过早衰老有关。而 S3 处理在整个

荚果发育期干物质积累量及其积累速率均低于 CK。说明只有适宜密度的花生单粒精播，才有利于荚果干物质积累的稳步持续增长，密度过高或过低均不利于群体荚果干物质积累的增加。

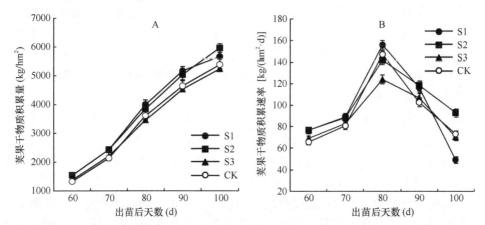

图 9-5　不同栽培模式下花生群体荚果干物质积累量（A）及其积累速率（B）的差异（梁晓艳，2016）
S1：单粒精播 27 万粒/hm²；S2：单粒精播 22.5 万粒/hm²；S3：单粒精播 18 万粒/hm²；CK：双粒穴播 27 万粒/hm²

从花生产量构成因素看，经济产量＝单位面积结果数×果重。果重可以通过增加荚果体积和提高荚果饱满度实现，而单位面积结果数是反映花生库容量大小的重要指标。增加花生库容量有两条途径：一是增加花生群体密度，二是提高花生单株结果数。而随着密度的增加花生单株结果数呈下降的趋势，而且密度过高容易造成群体竞争加剧，导致生育后期出现早衰现象，从而不利于荚果的充实与饱满，降低果重。花生是单株生产潜力较大的作物，因此，通过充分发挥单株生产潜力提高花生单株结果数，是提高花生产量的一条切实可行的途径。

花生单粒精播技术在改传统双粒穴播为单粒精播的基础上，适当降低密度，通过增加单株结果数来弥补密度降低带来的群体结果数减少。不同密度单粒精播处理均能不同程度地提高花生单株结果数及单株荚果体积，其中，密度越小，提高幅度越大。从群体荚果数量和群体荚果体积的数据得出：高密度和中密度的单粒精播处理均能够增加花生群体荚果数量及群体荚果体积，而且高密度处理略高于中密度处理。所以，高密度和中密度单粒精播处理在库容量的扩增方面都具有一定优势。从群体荚果干物质积累量来看，高密度单粒精播处理在荚果发育前期具有一定优势，到荚果发育后期，荚果干物质积累速率迅速降低，导致后期荚果干物质积累增加缓慢，不能满足扩库后所有荚果的充实与饱满。而中密度单粒精播处理始终保持平稳的增长态势，保证了荚果发育后期荚果的充实与饱满。适宜密度的单粒精播不仅有利于花生荚果库容量的扩增，而且有利于荚果库的充实与饱满，进而实现花生群体产量的提高。

第二节 单粒精播对花生籽粒糖代谢的影响

库容量是衡量作物库强度的重要指标，而且较大的库容量可促进光合源的物质生产与运输。但是光合产物从源器官向库的运输速率，并不完全取决于潜在库容量的大小，而同时受库器官代谢活性的影响（王玲玲等，2009）。蔗糖是作物叶片向籽粒输送的主要光合产物，输送到籽粒中的蔗糖在蔗糖相关代谢酶的作用下被裂解成果糖、葡萄糖。其中，一部分可直接进入淀粉代谢途径，另一部分先经糖酵解代谢途径形成丙酮酸后，再分别进入脂肪和蛋白质代谢途径。据报道，脂肪合成所需的碳架几乎全部来自糖酵解途径（王计平等，2006），蛋白质合成所需的氨基酸，一部分直接来自营养器官，另一部分需要利用来自糖酵解途径产生的底物在籽粒中合成（Golombek et al.，2001）。

因此，叶片向籽粒供应蔗糖量的多少以及蔗糖代谢酶活性的大小，直接影响脂肪及蛋白质的合成与积累。蔗糖含量反映了作物光合源的供应能力，而蔗糖在籽粒中的代谢裂解能力反映了库器官代谢活性的高低。如果库器官代谢活性过低，籽粒中的蔗糖不能被及时降解利用，糖分就会积累在运输系统中，反过来抑制光合作用。另外，蔗糖的大量积累还会引起叶片水分逆境，进而影响叶绿素中光合电子传递、碳固定及光合磷酸化等光合生理过程的正常进行（许大全，1986）。

籽粒中参与蔗糖代谢的酶主要有两类：一类是参与蔗糖合成的酶，包括蔗糖合酶（SS）和蔗糖磷酸合酶（SPS），另一类是参与蔗糖裂解的酶，主要指蔗糖转化酶，包括酸性转化酶（AI）和中性转化酶（NI）（Nguyen Quoc and Foyer，2001）。SS 在花生种子合成与贮藏有机物阶段的蔗糖代谢中起主导作用，主要是将输入籽粒的蔗糖降解成尿苷二磷酸葡萄糖（UDPG），后者可合成脂肪、蛋白质和淀粉等碳水化合物。蔗糖转化酶可以不可逆地催化蔗糖分解为葡萄糖和果糖，其活性高低与蔗糖的卸载与代谢能力有很大关系。刘慧英和朱祝军（2002）研究发现，催化蔗糖分解转化的酶活性大小及其生理活性的高低，可确切反映库活性的高低。

一、籽粒中可溶性糖及蔗糖含量

花生籽粒发育过程中，蔗糖的含量反映了脂肪及蛋白质合成过程中底物的供应水平，籽粒中较高的蔗糖含量有利于花生脂肪和蛋白质的合成。果针入土后30d，籽粒开始迅速发育。此时，各处理籽粒中蔗糖含量相对较高，而且各处理间表现明显的差异。不同密度花生单粒精播处理籽粒中蔗糖含量均高于传统双粒穴播。而且，密度越低，含量越高。随着籽粒的进一步发育，蔗糖含量迅速下降。

到果针入土后 40d，各处理间差异最小。之后，各处理间籽粒蔗糖含量保持缓慢降低的趋势（图 9-6）。其中，S2 和 S3 处理下降速度明显低于 CK，所以荚果发育后期，中密度和低密度单粒精播处理中籽粒蔗糖含量明显高于传统双粒穴播，这与中、低密度条件下生育后期较高的源供应能力有关。

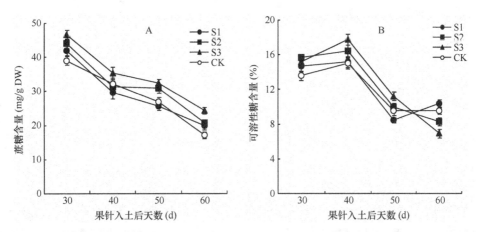

图 9-6 不同栽培模式下花生籽粒蔗糖（A）和可溶性糖（B）含量的差异（梁晓艳，2016）

S1：单粒精播 27 万粒/hm²；S2：单粒精播 22.5 万粒/hm²；S3：单粒精播 18 万粒/hm²；CK：双粒穴播 27 万粒/hm²

从果针入土后 30d 开始，花生籽粒中可溶性总糖含量呈先缓慢升高后迅速降低的趋势，S1 和 CK 略有回升（图 9-6）。果针入土后 40d，各处理籽粒中可溶性糖含量达最大值，其中 S2 和 S3 处理含量较高，分别比 CK 高 9.0% 和 17.9%，S1处理与 CK 差异较小。之后随着籽粒的发育，各处理含量迅速下降。到果针入土后 50d，S2 和 S3 处理与 CK 之间差异变小，均略高于 CK。这说明 S2 和 S3 处理中可溶性糖的利用率较高。果针入土后 50~60d，可溶性糖含量下降趋于缓慢，而 S1 处理与 CK 还表现出略有回升的趋势。果针入土到入土后 50d，是荚果迅速膨大充实的关键时期，各种碳水化合物的大量合成需要较高的可溶性糖来提供底物。因此，适当降低密度的单粒精播处理中，花生籽粒中较高的可溶性糖含量为籽粒的进一步充实提供了充足的物质基础。

二、籽粒中 AI、NI 及 SS 活性

蔗糖转化酶活性高低与籽粒中蔗糖的卸载与代谢有密切关系，花生籽粒中酸性蔗糖转化酶（AI）活性呈先升高后降低的趋势（图 9-7A）。果针入土后 40d 活性达到最大值，各处理间 AI 活性存在明显的差异，表现为 S3 > S2 > S1 > CK。随着密度的降低，AI 平均活性呈升高趋势。籽粒中性蔗糖转化酶（NI）活性呈先缓慢上升后迅速降低的趋势（图 9-7B），果针入土后 30~40d，NI 活性变化不大，

各处理间没有表现出明显的差异。果针入土 40d 之后，NI 活性迅速降低，各处理间表现出明显差异。中密度和低密度花生单粒精播处理 S2 和 S3 活性均高于 CK，而高密度单粒精播处理 S1 低于 CK。中、低密度单粒精播处理对酸性蔗糖转化酶活性的影响较大，贯穿于整个荚果发育过程，而对中性蔗糖转化酶活性的影响主要集中在荚果发育后期。

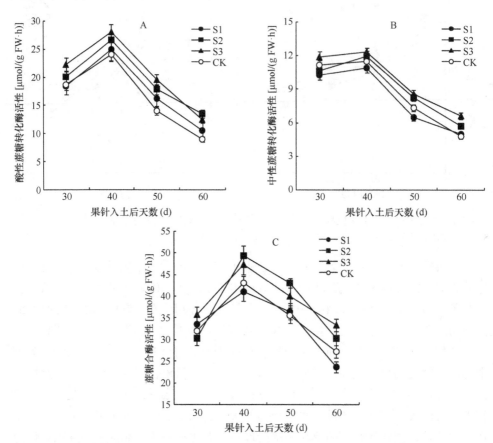

图 9-7　不同栽培模式下花生籽粒 AI（A）、NI（B）及 SS（C）活性的差异（梁晓艳，2016）

S1：单粒精播 27 万粒/hm²；S2：单粒精播 22.5 万粒/hm²；S3：单粒精播 18 万粒/hm²；CK：双粒穴播 27 万粒/hm²

籽粒中的蔗糖合酶（SS）主要是将运送到籽粒的蔗糖降解为尿苷二磷酸葡萄糖（UDPG），后者再去合成其他碳水化合物。花生荚果发育过程中，籽粒中 SS 活性呈先升后降趋势，果针入土后 40d 左右达到最大值（图 9-7C）。不同密度下单粒精播处理之间酶活性存在差异，中密度和低密度单粒精播处理 S2 和 S3 的籽粒中 SS 活性均高于 CK，差异主要集中在果针入土后 40~60d，S1 处理与 CK 之间基本无明显差异。中、低密度花生单粒精播条件下，籽粒中蔗糖的代谢活性要高于传统双粒穴播，蔗糖的快速降解有利于促进其他碳水化合物的合成。

花生荚果发育过程中，不同密度单粒精播条件下花生籽粒中 SS、AI 及 NI 活性存在差异。中密度和低密度单粒精播处理 S2 和 S3 均不同程度提高了花生籽粒中蔗糖代谢相关酶的活性。其中 SS 和 AI 活性差异更为明显，而 SS 和 AI 与 NI 相比具有相对较高的活性，在花生籽粒代谢中起关键作用。中密度和低密度单粒精播处理条件下花生籽粒蔗糖代谢水平较高，而高密度单粒精播条件下籽粒中蔗糖代谢相关酶活性与对照差异较小。花生籽粒中代谢酶的活性受密度调控更为敏感，改单粒播为双粒播的同时，适当降低密度有利于提高籽粒库的代谢活性，增加库端的物质转化能力。

籽粒中蔗糖和可溶性糖的含量及变化反映了源的同化物供应能力，同时反映了库端对同化物的转化及利用水平。籽粒中较高的蔗糖和可溶性糖含量提高了脂肪、蛋白质及淀粉的合成底物的供应水平，有利于碳水化合物的合成及积累。中密度和低密度的单粒精播处理条件下，花生籽粒中蔗糖和可溶性糖含量在荚果发育前期与后期均表现出明显的优势。前期充分的糖分供给有利于籽粒的膨大与体积的增加，后期充足的糖分有利于籽粒的充实与饱满，为荚果库容量的扩增提供了物质基础。

第三节　单粒精播对花生籽粒氮代谢的影响

蛋白质是花生籽粒中的重要营养组分，占花生籽粒总量的 24%～36%。蛋白质主要由氨基酸合成，在种子发育过程中，一部分氨基酸等可溶性含氮化合物直接从叶片转移到种子中，还有一部分氨基酸在氮代谢相关酶的作用下，由糖代谢底物直接在种子内生成。籽粒中与氮代谢相关的酶主要包括谷氨酰胺合成酶（GS）、谷氨酸脱氢酶（GDH）和谷氨酸合酶（GOGAT）等。GS 和 GOGAT 在氮代谢中心属于多功能酶，参与调节多种氮代谢途径。其中，GS 活性的下降可严重影响细胞内多种氮代谢酶的活性及部分糖代谢的进行（张智猛等，2006）。GDH 在氨的再同化中起关键作用，特别是在作物果实或籽粒发育后期，对于催化合成谷氨酸具有重要作用（罗虹等，2009）。花生荚果发育过程中，籽仁中 GS、GDH 及 GOGAT 活性的高低反映了籽粒的氮代谢水平及蛋白质合成能力。

一、籽粒中可溶性蛋白和游离氨基酸含量

花生荚果发育过程中，籽粒中可溶性蛋白含量呈逐渐升高的趋势（图 9-8A）。果针入土后 30d，各处理间籽粒可溶性蛋白含量差异较小。随着荚果的充实膨大，籽粒中可溶性蛋白含量逐渐上升。到果针入土后 40d，各处理间表现出一定差异。中密度和低密度单粒精播条件下，花生籽粒可溶性蛋白含量略高于 CK。随着荚

果的继续发育，各处理间差异逐渐变大。果针入土后 50～60d，S2 和 S3 处理明显高于 CK，而 S1 处理与 CK 之间差异较小。花生荚果发育过程中，籽粒中游离氨基酸含量呈逐渐降低趋势（图 9-8B）。各处理间存在差异主要表现在果针入土 40d 之后，该时期游离氨基酸含量迅速降低。果针入土后 50d，S1、S2 和 S3 处理籽粒游离氨基酸含量相对较高，分别比 CK 高 10.3%、23.0% 和 35.0%。到果针入土后 60d，S2 和 S3 分别比 CK 高 22.2% 和 37.9%。

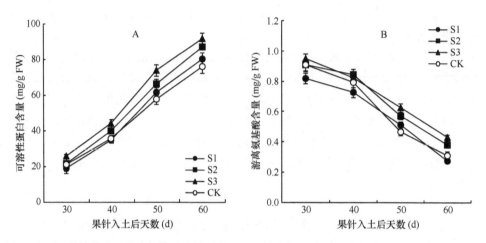

图 9-8　不同栽培模式下花生籽粒可溶性蛋白（A）及游离氨基酸（B）含量的差异（梁晓艳，2016）
S1：单粒精播 27 万粒/hm²；S2：单粒精播 22.5 万粒/hm²；S3：单粒精播 18 万粒/hm²；CK：双粒穴播 27 万粒/hm²

二、籽粒中 GS、GOGAT 及 GDH 活性

花生籽粒中 GS 活性，在果针入土后 40d 达到最大值，之后迅速降低，然后再缓慢降低（图 9-9A）。个别处理在果针入土后 60d，活性呈略微回升的趋势。果针入土后 30～50d，各处理间变化趋势一致，各处理间差异表现较为明显，S2 和 S3 处理与 CK 相比 GS 活性相对较高，而 S1 处理与 CK 之间差异不明显。籽粒中 GOGAT 活性在荚果发育过程中呈先升高后降低的变化趋势，果针入土后 50d 达最大值（图 9-9B）。不同密度单粒精播处理与 CK 之间有不同的差异，S2 和 S3 处理在整个荚果发育过程中均高于 CK，而 S1 处理仅在果针入土后 40～50d 高于 CK。单粒精播有利于提高花生籽仁中 GOGAT 活性，而且随着密度的降低提高幅度增大。荚果发育过程中，籽粒中 GDH 活性，在果针入土后 50d 达最大值（图 9-9C）。果针入土后 30～40d，GDH 活性上升缓慢，各处理间没有表现出有规律的差异。果针入土后 40d 之后，GDH 活性迅速升高，其中，S2 和 S3 处理活性上升速度明显高于 CK，果针入土后 50d，分别比 CK 高 6.8% 和 12.5%。

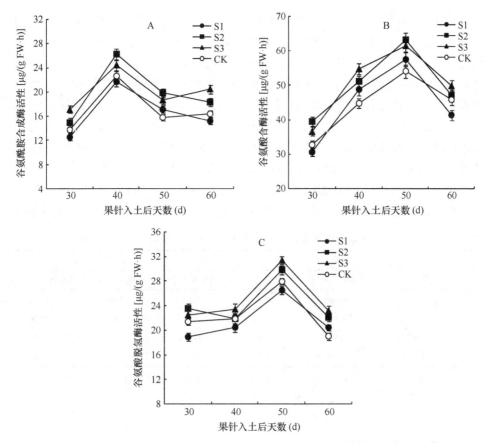

图 9-9　不同栽培模式下花生籽仁 GS（A）、GOGAT（B）及 GDH（C）活性的差异（梁晓艳，2016）
S1：单粒精播 27 万粒/hm²；S2：单粒精播 22.5 万粒/hm²；S3：单粒精播 18 万粒/hm²；CK：双粒穴播 27 万粒/hm²

第四节　单粒精播对花生库源比及产量和品质的影响

从源库协调的理论分析，花生产量的提高必须通过增源、扩库、协调源库关系来实现，而花生源库特征的形成除了受花生品种特性影响外，很大程度上还取决于栽培措施，而通过调节种植方式与密度建立合理的群体结构来实现花生产量的提高，是一条切实可行的高产栽培措施。目前，花生高产栽培生产上面临的主要问题就是生育后期源不足，生育中后期花生群体源质量与数量的下降，是限制花生产量提高的主要因素。

一、库源比

花生结荚期和成熟期，不同处理之间库源比（荚果数与叶面积）值存在差异

（表 9-1）。结荚期，S1、S2 和 S3 处理的荚果数均不同程度显著高于 CK，而叶面积只有 S1 处理显著高于 CK，S2 处理略高于 CK，但差异不显著，S3 处理显著低于CK。花生在荚果发育初期（结荚期），高密度单粒精播处理 S1 与 CK 相比，源（叶面积）、库（荚果数）数量均有显著增加，S2 处理在结荚期库容量增加较为明显，叶源数量增加幅度较小，S2 和 S3 处理库源比均显著高于 CK，S1 处理与对照无显著差异。进入成熟期，各处理间库源比有所变化，S1 处理库源比显著大于 CK，S2处理库源比显著低于 CK，S3 处理库源比高于 CK，但无显著差异。S1 处理较高的库源比说明库容量过大，源数量相对不足，不利于荚果的充实与饱满。而 S2 处理较低的库源比说明后期叶源数量充足，保证了后期光合产物的合成与供给。S3 处理荚果数及叶面积均较小，源库容量没有得到充分的发挥，不利于群体产量的提高。

表 9-1　不同密度单粒精播对花生荚果数、叶面积的影响（梁晓艳，2016）

处理	结荚期			成熟期		
	荚果数（个）	叶面积（m²）	库源比（个/m²）	荚果数（个）	叶面积（m²）	库源比（个/m²）
S1	318.0a	6.0a	52.8b	521.1a	3.5b	151.5a
S2	329.9a	5.6b	59.0a	507.6a	3.9a	128.9c
S3	293.8b	4.8c	60.9a	449.3c	3.1c	143.4b
CK	275.2c	5.3b	51.7b	479.1b	3.4b	140.8b

注：S1：单粒精播 27 万粒/hm²；S2：单粒精播 22.5 万粒/hm²；S3：单粒精播 18 万粒/hm²；CK：双粒穴播 27 万粒/hm²；表中数据后不同小写字母代表在 $P < 0.05$ 水平上差异显著

二、产量及产量构成因素

中密度单粒精播处理 S2 能显著提高花生群体荚果产量，与 CK 相比两年平均增产 8.4%。高密度花生单粒精播处理 S1 与 CK 相比平均增产 3.0%，而低密度单粒精播处理产量低于 CK。中密度花生单粒精播处理 S2 的单株果数、饱果率均显著高于 CK，单株产量显著提高，同时经济系数显著提高。而低密度花生单粒精播处理 S3 虽然具有较高的经济系数，但群体生物产量较低。高密度花生单粒精播处理 S1 的单株产量与 CK 相比略有增加，但饱果率不高。由传统双粒播种改为单粒播种，同时适当降低密度，有利于花生单株产量及群体荚果产量的提高。密度过高，单株生产力提高效果不明显，而且经济系数低，荚果饱果率低，从而影响了群体荚果产量的提高。密度过低，虽然花生单株产量提高，但单株产量的提高不能弥补密度降低对群体荚果产量的影响，导致群体荚果产量的下降。适宜密度的单粒精播（22.5 万粒/hm²）条件下，花生单株果数及饱果率显著提高，单株生产力的增加弥补了密度降低对群体荚果产量的影响（表 9-2）。

表 9-2　不同密度单粒精播对花生产量及产量构成因素的影响（梁晓艳，2016）

年份	处理	播种密度 （万粒/hm²）	群体荚果产 量（kg/hm²）	群体生物产 量（kg/hm²）	经济系数	单株产量 （g/株）	单株果数	饱果率 （%）
2014	S1	27.0	5617b	11 463a	0.49b	22.2b	14.6b	61.6b
	S2	22.5	5920a	11 607a	0.51b	28.0a	17.5a	72.8a
	S3	18.0	5306b	10 203b	0.52a	30.4a	18.6a	71.4a
	CK	27.0	5478b	11 412a	0.48b	21.6b	13.9b	63.2b
2015	S1	27.0	5884b	12 008a	0.49b	22.4b	15.1b	62.4b
	S2	22.5	6180a	11 885a	0.52a	28.9a	18.1a	73.2a
	S3	18.0	5324c	10 238c	0.52a	31.6a	19.2a	72.5a
	CK	27.0	5690b	11 380b	0.50b	21.9b	14.5b	63.6b

注：S1：单粒精播 27 万粒/hm²；S2：单粒精播 22.5 万粒/hm²；S3：单粒精播 18 万粒/hm²；CK：双粒穴播 27 万粒/hm²；表中数据后不同小写字母代表在 $P < 0.05$ 水平上差异显著

三、籽仁品质

不同密度单粒精播对花生籽仁品质具有一定影响，且受密度因素影响较为明显（表 9-3）。中密度和低密度单粒精播处理 S2 和 S3 均显著提高了花生籽仁中蛋白质、脂肪、油酸及总氨基酸的相对含量，提高了油酸/亚油酸（O/L）值，改善了花生的籽仁品质，高密度花生单粒精播处理 S1 中籽仁品质与对照相比无明显变化。不同的栽培措施与栽培环境对花生籽仁品质的影响，主要通过影响荚果的成熟度及饱满度来实现，适宜密度单粒精播条件下籽仁较高的脂肪与蛋白质含量，与该种植模式下较好的荚果发育程度有关。

表 9-3　不同密度单粒精播花生籽仁品质的差异（梁晓艳，2016）

年份	处理	蛋白质（%）	脂肪（%）	油酸（%）	亚油酸（%）	油酸/亚油酸	总氨基酸（%）
2014	S1	22.11b	52.01b	43.78a	35.12b	1.21b	19.99b
	S2	23.78a	54.84a	47.24a	33.27b	1.42a	21.16a
	S3	24.59a	55.48a	46.49a	33.83b	1.37a	22.09a
	CK	21.68b	51.69b	41.86b	37.41a	1.12b	19.62b
2015	S1	22.04b	51.64b	46.56a	34.06b	1.37a	21.61a
	S2	23.72a	55.23a	47.82a	34.16b	1.40a	22.18a
	S3	24.64a	54.65a	48.16a	37.62a	1.28b	21.82a
	CK	21.58b	52.08b	43.15b	33.71b	1.20b	19.84b

注：油酸、亚油酸相对含量是其各占脂肪酸组分总量的比例；S1：单粒精播 27 万粒/hm²；S2：单粒精播 22.5 万粒/hm²；S3：单粒精播 18 万粒/hm²；CK：双粒穴播 27 万粒/hm²；表中数据后不同小写字母代表在 $P < 0.05$ 水平上差异显著

花生单粒精播技术通过改变播种方式及密度，调节植株的田间分布状况，建立合理的群体结构。一方面，单粒精播促进了花生苗期的苗壮发育，增加了花生的有效分枝数，显著提高了花针期的有效开花数及有效果针数，通过单株果数的增加来弥补密度降低带来的库容量的减少。另一方面，适宜的精播密度缓解了群体与个体间矛盾，优化了生育后期群体的冠层微环境，延缓了生育后期叶片的衰老脱落，使生育后期花生源的质量和数量保持一个缓慢下降的趋势，提高了生育后期叶源的光合同化物供给能力，保证了荚果库的充实与饱满，提高了荚果干重。

从源库协调关系的角度分析，适宜密度花生单粒精播高产的作用机理是：前期以增源、扩库为主，后期主要以增源为主，整个生育过程中源库协调发展，最终实现产量的提高。密度过高，容易造成前期营养生长旺盛，后期叶片过早衰老脱落，叶源数量下降过快，导致后期源数量的不足，源库比例失调，不利于荚果的充实饱满及产量的提高。密度过低，容易造成前期叶源数量不足，不能满足荚果库对光合产物的需求。

不同密度的单粒精播处理均不同程度增加了花生单株果数及单株荚果体积，密度越低，提高幅度越大。高密度花生单粒精播处理明显增加了群体荚果数量及荚果体积，库容量的增加最为明显，中密度单粒精播次之，单株库容量的增加弥补了密度降低对群体库容量造成的影响。低密度花生单粒精播群体荚果数量及荚果体积显著下降，单株库容量的增加不足以弥补密度降低带来的群体库容量下降。高密度花生单粒精播处理虽然具有较高的群体荚果数量及荚果体积，但群体荚果干物质积累量低于中密度处理。单粒精播对花生籽粒库的代谢活性也具有一定的调控作用，中、低密度模式下花生籽粒库中碳氮代谢酶活性显著增加，提高了糖分的代谢及脂肪、蛋白质等化合物的合成与积累水平。尤其在荚果发育后期，碳氮代谢功能的加强，促进了花生籽粒的充实与饱满，增加了籽仁中脂肪、蛋白质及各种氨基酸含量，对花生籽仁品质有一定的改善作用。

参 考 文 献

梁晓艳. 2016. 单粒精播对花生源库特征及冠层微环境的调控. 长沙: 湖南农业大学博士学位论文.

刘慧英, 朱祝军. 2002. 转化酶在高等植物蔗糖代谢中的作用研究进展. 植物学通报, 19(6): 66-74.

陆卫平, 陈国平, 郭景伦, 等. 1997. 不同生态条件下玉米产量源库关系的研究. 作物学报, 23(6): 727-733.

罗虹, 周桂元, 罗燕芬. 2009. 高产花生品种籽仁氮素代谢关键酶活性、农艺性状与经济性状的关系. 花生学报, 38(3): 15-20.

王计平, 史华平, 李润植, 等. 2006. 植物种子油合成的调控与遗传修饰. 植物遗传资源学报,

7(4): 488-493.

王玲玲, 杜吉到, 郑殿峰, 等. 2009. 大豆源库流关系的研究进展. 大豆科学, 28(1): 167-171.

王婷, 饶春富, 王友德, 等. 2000. 减源缩库与玉米产量关系的研究. 玉米科学, 8(2): 67-69.

许大全. 1986. 光合产物水平与光合作用速率. 植物生理学通讯, (6): 1-8.

张智猛, 张威, 胡文广, 等. 2006. 高产花生氮素代谢相关酶活性变化的研究. 花生学报, 35(1): 8-12.

周海燕, 李国龙, 张少英. 2007. 作物源库关系研究进展. 作物杂志, (6): 14-17.

Golombek S, Rolletschek H, Wobus U, et al. 2001. Control of storage protein accumulation during legume seed development. Journal of Plant Physiology, 158: 457-464.

Nguyen Quoc B, Foyer C H. 2001. A role for 'futile cycles' involving invertase and sucrose synthase in sucrose metabolism of tomato fruit. Journal of Experimental Botany, 52(3): 881-889.

第十章 单粒精播对花生响应生物胁迫的调控机理

第一节 花生多粒穴播竞争排斥效应

竞争性排斥原理是不同物种在对同一种短缺资源的竞争中，使一个或多个物种在竞争中被排斥或被取代的现象。同种或不同种的个体间为争夺相同而短缺的资源出现的生存斗争现象称为竞争，竞争又分为种内竞争和种间竞争。竞争排斥原理在植物中的表现是，在同一生态位的植株必定会竞争有限的光、热、肥、水资源，从而导致生长发育不一致（陈仁飞等，2015）。作物产量与植株整齐度呈高度正相关关系，种子质量差异和栽培因素导致的田间出苗延迟，是个体间产生差异的重要原因之一。优良的群体结构，不仅要求在单位面积上有足够的个体，而且要求个体在田间分布合理，发育整齐一致，最大限度地吸收利用自然资源。而在环境水分或营养胁迫条件下，植物根系间的地下竞争与地上竞争同样重要。塑造理想株型和优化产量构成是提高作物产量的有效途径（凌启鸿，2000；马均等，2003），高密度群体中挖掘群体结构性获得和个体功能性获得将是高产栽培的主要目标（赵明等，2006；陈传永等，2010）。

生产上花生每穴双粒或多粒播种，一穴双株或多株之间过窄的间距及较大的种植密度，容易造成植株间竞争加剧和大小苗现象突出，群体质量较差，田间小气候恶化。加之高肥水条件下花生易徒长倒伏，导致叶片过早衰老，影响花生产量提高。

为阐明和量化传统双粒或多粒穴播种植中一穴双株间因竞争排斥效应造成的减产，2014 年在莒南板泉镇、2015 年在平度古岘镇的 2 块高产田，进行了花生多粒穴播的竞争排斥效应试验。试验点均为地势平坦、灌溉设施齐全和排涝方便的生茬地，土壤基本理化性状如表 10-1 所示。

表 10-1 各试验点基本理化性状

试验点	土壤类型	有机质 (g/kg)	水解性氮 (mg/kg)	速效磷 (mg/kg)	速效钾 (mg/kg)	交换性钙 (mg/kg)
莒南（2014）	壤土	17.37	75.96	89.23	135.45	9.56
平度（2015）	壤土	18.11	78.98	82.34	117.65	11.87

对花生双粒穴播的双株分别进行植株性状调查，一穴双株存在强势株和弱势株差异（表 10-2）。强株和弱株的主茎高和侧枝长无显著差异，但第一侧枝基部 10cm

节数、分枝数、主茎绿叶数、单株干物质重和荚果重存在显著差异，各指标均表现为强株显著高于弱株。其中 2014 年，强株的第一侧枝基部 10cm 节数和分枝数分别比弱株多 0.86 个和 2.50 条。2015 年，强株比弱株分别多 1.28 个和 2.0 条。2014 年，强株的单株干物质重和单株荚果重分别比弱株高 22.44%和 24.88%。2015年，强株比弱株分别高 13.10%和 13.22%。所以，双粒穴播中一穴双株之间存在较大竞争，强势株和弱势株的存在使双粒穴播不能很好地发挥单株生产潜力，限制了产量进一步提高。

表 10-2　双粒穴播强势株和弱势株成熟期植株性状差异（张佳蕾等，2018）

试验点	植株类型	主茎高（cm）	侧枝长（cm）	第一侧枝基部10cm 节数	分枝数	主茎绿叶数	单株干物质重（g）	单株荚果重（g）
莒南（2014）	强株	36.23a	38.11a	6.03a	11.75a	5.62a	75.56a	47.89a
	弱株	35.73a	37.59a	5.17b	9.25b	3.38b	61.71b	38.35b
平度（2015）	强株	37.73a	39.78a	6.13a	11.50a	7.98a	81.32a	46.24a
	弱株	37.03a	38.48a	4.85b	9.50b	5.52b	71.90b	40.84b

注：同列不同小写字母表示差异达 5%显著水平

植物个体间的非对称性竞争中，大个体比起小个体在竞争中拥有不成比例的优势。这种不对称性导致了对小个体生长的抑制，从而增加了不同竞争者之间相对大小的差异。花生种子异于其他作物，生产上很难保证种子大小和活力均匀一致。加上在较大密度和较高土壤肥力情况下，较窄的株行距容易导致植株发育不均衡，造成双粒穴播双株之间非对称性竞争，形成大小株（万书波，2003）。高产条件下双粒穴播存在强势株和弱势株差异，两者的株高差异较小。但弱势株的节间数较少、节间长度较大。强势株的单株干物质重和单株荚果重均显著高于弱势株，原因是强势株的分枝数和侧枝基部 10cm 内节数较多，从而使单株果数增加。

长期以来，花生培创高产一直用双粒穴播种植方式，并突破了单产 7500kg/hm² （孙彦浩等，1982），但产量难以进一步提高，从未突破实收单产 11 250kg/hm²（750kg/666.7m²）。花生第一侧枝开花、结荚和饱果数占全株总数的 60%~70%，第二侧枝占 20%~30%。因此，促进第一和第二侧枝健壮生育与二次分枝早发快长，对单株果数的增加具有重要作用。沈毓骏等（1993）研究发现，花生单粒穴播苗期株间相互影响小，植株基部见光充分，细胞伸长量小，节间缩短，基部 10cm 内的节数增加，利于形成矮化壮苗。减粒增穴单株密植的主茎及侧枝均趋矮化，分枝数及第一侧枝基部 10cm 内的节数增多，利于塑造丰产株型。应用竞争排斥原理阐明了传统双粒穴播双株生态位重叠、个体竞争加剧是限制产量进一步提高的主要原因。因此，改双粒穴播为单粒精播，通过精选种子、精量包衣、精细整地和精准播种实现一播全苗壮苗，以肥定密，优化株行距，才能培育出质量优化的花生群体。

第二节　单粒精播对花生基因表达的调控

生物胁迫和非生物胁迫是影响植物生长、发育与农业生产力的关键环境因素。非生物胁迫包括干旱、盐分和极端温度，植物非生物相互作用领域最具挑战性的前沿问题，是寻找非生物胁迫的主要传感器和重要的抗逆境基因。随着高通量测序技术的发展，基因组学的方法将越来越受到重视，包括全基因组测序，转录组、蛋白质组和代谢组学，用于分析植物抗病和抗逆的调控网络，同时，抗逆性调控网络与植物生长发育具有协同作用的趋势。栽培花生基因组序列的公开（Chen et al.，2019），有助于人们更好地理解花生的重要农艺性状，提高花生的遗传改良水平。

为初步揭示单粒精播和双粒穴播调控花生基因表达的差异，在济南饮马泉基地（117°5′E，36°43′N）进行盆栽试验，以花育 22 号为试验材料。土壤为沙质壤土，含有机质（w/w）1.1%、碱解氮 82.7mg/kg、有效磷 36.2mg/kg、有效钾 94.5mg/kg 和可交换钙 14.9g/kg。试验设单粒精播 SS：15 800 穴/666.7m^2，每穴 1 粒，穴距 10.5cm；双粒穴播 DS：9000 穴/666.7m^2，每穴 2 粒，穴距为 18cm，作为对照。

一、转录组序列测定与基因分析

以单粒精播和双粒穴播的花生根与叶片为材料分别构建了 12 个 cDNA 文库。将 12 个样品在 Illumina HiSeq 平台上进行测序，每个样品平均产出 6.55Gb 数据。将接头污染、质量低和未知碱基 N 含量过高的读数去除，共获得 523 800 338 个读数，每个文库平均有 4300 万个读数（表 10-3）。叶片中大约 77% 的读数和根中 80% 的读数被定位到参考基因组中，并且鉴定了 36 778 个基因，其中 34 529 个是已知基因，2322 个是新基因。

表 10-3　单粒精播和双粒穴播花生叶片与根中读数统计

样品	叶片中读数					
	SL1	SL2	SL3	DL1	DL2	DL3
过滤后读数	45 001 686	44 475 256	44 262 552	42 022 054	42 294 220	42 570 982
总比对率	75.27%	74.87%	74.88%	78.26%	80.52%	80.60%
唯一比对率	55.15%	53.51%	54.34%	49.41%	51.29%	54.53%
未匹配读数	24.73%	25.13%	25.12%	21.74%	19.48%	19.40%
新转录本数	13 152	12 615	13 149	13 218	13 030	12 895

续表

样品	根中读数					
	SR1	SR2	SR3	DR1	DR2	DR3
过滤后读数	42 569 308	42 180 566	44 533 150	44 784 894	44 608 344	44 497 326
总比对率	80.73%	80.88%	82.71%	78.44%	78.15%	80.95%
唯一比对率	51.93%	52.18%	53.61%	46.73%	43.23%	52.30%
未匹配读数	19.27%	19.12%	17.29%	21.56%	21.85%	19.05%
新转录本数	13 139	13 136	13 316	13 021	12 911	12 909

注：SL：单粒精播叶片；DL：双粒穴播叶片；SR：单粒精播根系；DR：双粒穴播根系

单核苷酸多态性包括单碱基的转换和颠换，是指 DNA 序列中单个核苷酸（A、T、C 或 G）的改变，可导致物种或个体基因组的多样性。在所有样本中，转换比颠换更多。插入-缺失（INDEL）是指相对于参考基因组，样品中发生的小片段（一个或多个，小于 50bp）插入或缺失。对于核苷酸多态性（SNP）的类别，转换、颠换、A-G 和 C-T 是最丰富的。同时，大多数片段的插入或缺失发生在外显子和内含子中，不同样本的比例也不同。基于 SNP、INDEL 和基因表达的结果，研究结果以 Circos 软件的环图形式呈现（图 10-1）。

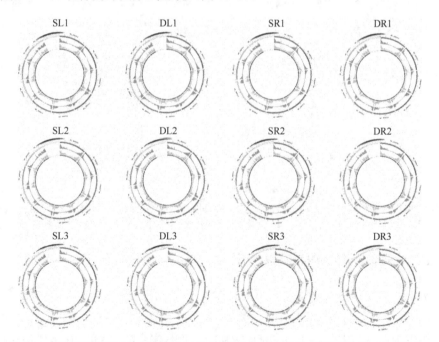

图 10-1　单粒精播和双粒穴播花生叶片与根 Circos 图展示（彩图请扫封底二维码）
SL：单粒精播叶片；DL：双粒穴播叶片；SR：单粒精播根系；DR：双粒穴播根系

二、差异表达基因检测

从花生叶片和根中分别鉴定出 2567 个和 2706 个差异表达基因（DEG），与双粒穴播相比较，单粒精播花生叶片和根中上调基因分别为 544 个和 1771 个，下调基因分别为 2023 个和 935 个（图 10-2）。经研究，大多数 DEG 的表达模式在花生根和叶片中是不同的。例如，在 1771 个在根部上调基因中，只有 83 个在叶片中也上调，根和叶片中的一些基因甚至表现出相反的表达模式，有 40 个 DEG 在叶片中上调，但在根中下调。此外，根和叶片中的 245 个 DEG 具有相同的表达趋势，包括 83 个上调的 DEG 和 162 个下调的 DEG。

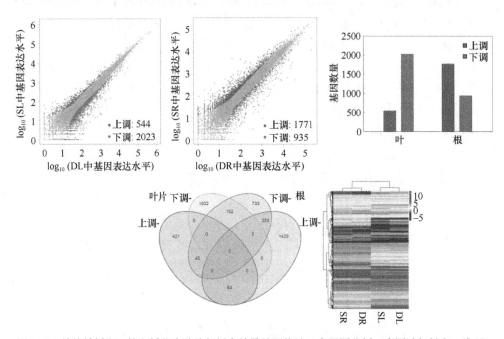

图 10-2　单粒精播和双粒穴播花生叶片与根中差异基因统计及韦恩图分析（彩图请扫封底二维码）
SL：单粒精播叶片；DL：双粒穴播叶片；SR：单粒精播根系；DR：双粒穴播根系

三、RNA-Seq 结果的 qRT-PCR 验证

为了验证 RNA-Seq 的数据，使用实时定量 PCR（qRT-PCR）来检测编码不同功能的 24 个基因的表达（图 10-3A）。花生单粒精播分别有 6 个和 7 个基因在叶片和根中上调，其中包括 UDP 糖基转移酶、查耳酮合酶和 GPI 甘露糖基转移酶等。其余 11 个被选择的基因在根和叶片中均下调，这些基因包括一种磷脂酶、一种亚油酸种子 9S-脂氧合酶、一种含锌指 SWIM 结构域的蛋白质和果胶酶等。

RNA-Seq 的数据与这 24 个基因的 qRT-PCR 结果一致。通过 RNA-Seq 估计的相对表达量[log$_2$（SS/DS）]与 qRT-PCR 结果之间的相关性显示，在叶片中相关性较高（相关系数为 0.9772），在根中略低（相关系数为 0.8884）（图 10-3B）。

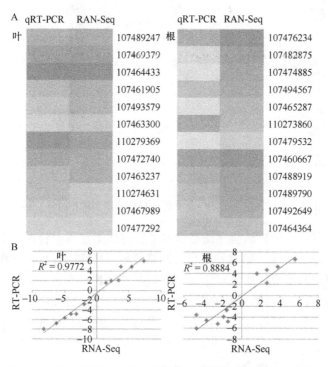

图 10-3　荧光定量 PCR 验证基因表达（彩图请扫封底二维码）

四、DEG 的功能分析

利用 BLAST2GO 程序对 DEG 进行基因本体分类和功能富集分析（Conesa et al., 2005）。根据序列同源性将序列分为 45 个功能组，再使用 WEGO 可视化生物过程分析分子功能和细胞成分的主要类别（图 10-4）。在生物过程中，差异基因多富集在代谢过程、单体过程和细胞过程等，说明单粒精播花生具有较高的代谢活性，对于细胞组分的类别，细胞、细胞器和膜富集最多，富集最丰富的为分子功能，其中包括结合、催化活性和转运体活性，表明单粒精播花生的代谢活性变化水平较高。

为了解花生单粒精播的调控网络和分子机理，进行了 KEGG 途径分类。DEG 主要富集在 MAPK 信号通路、甘油酯代谢、苯丙氨酸代谢、鞘脂代谢、异黄酮生物合成、黄酮类生物合成和叶片色氨酸代谢。同时，苯丙烷类生物合成、次生代谢产物的生物合成、MAPK 信号通路、玉米素生物合成以及黄酮和黄酮醇生物合

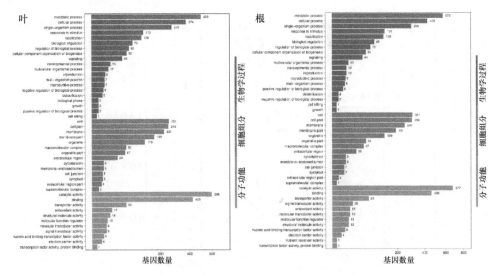

图 10-4　差异表达基因 GO 及共表达分析（彩图请扫封底二维码）

成主要在根中富集。所有这些通路都参与了特定代谢过程中物质生物合成，表明这些过程处于激活状态。加权基因相关网络分析（WGCNA）是描述不同样本之间基因关联模式的系统生物学方法。WGCNA 利用数千或近万个变化最大的基因或全部基因的信息识别感兴趣的基因集，并与表型进行显著性关联分析。将所有样本的基因分成模块进行分析，12 种颜色代表不同的模块（图 10-5）。

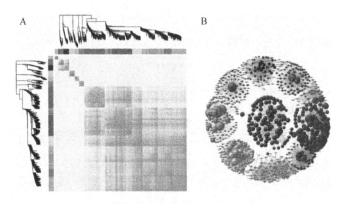

图 10-5　SS（单粒精播）和 DS（双粒穴播）处理间差异表达基因（differentially expressed genes）的共表达（彩图请扫封底二维码）
（A）共表达基因的热图；（B）共同表达模块的网络

五、不同栽培模式下白藜芦醇合成相关途径的差异

研究共诱导了 31 个白藜芦醇合成相关基因（*RS*），而在花生单粒精播条件下，

没有一个白藜芦醇合成相关基因在根中下调。相反，与白藜芦醇合成相关的 10 个 DEG 在叶片中下调（表 10-4）。同时，还测定了白藜芦醇的含量，结果与叶片和根的基因表达一致（图 10-6）。因此，与花生双粒穴播的根相比，单粒精播花生中白藜芦醇含量的提高，有助于启动防御反应，其中病程相关蛋白、转录因子（*WRKY*、*bZIP*、*ERF*、*4CL*）和其他抗性相关基因上调。

表 10-4 花生根和叶片中白藜芦醇合成相关基因表达研究

	注释	$\log_2(SL/DL)$	基因表达变化
叶片	白藜芦醇合成酶	−1.43	下调
	白藜芦醇合成酶	−1.92	下调
	白藜芦醇合成酶	−2.03	下调
	白藜芦醇合成酶	−2.31	下调
	白藜芦醇合成酶	−2.66	下调
	白藜芦醇合成酶	−2.77	下调
	白藜芦醇合成酶	−3.36	下调
	白藜芦醇合成酶	−6.66	下调
	芪合成酶	−1.18	下调
	芪合成酶	−1.38	下调
根	白藜芦醇合成酶	2.67	上调
	白藜芦醇合成酶	2.59	上调
	白藜芦醇合成酶	2.37	上调
	白藜芦醇合成酶	2.27	上调
	白藜芦醇合成酶	2.24	上调
	白藜芦醇合成酶	2.13	上调
	白藜芦醇合成酶	2.12	上调
	白藜芦醇合成酶	2.05	上调
	白藜芦醇合成酶	1.86	上调
	白藜芦醇合成酶	1.80	上调
	白藜芦醇合成酶	1.68	上调
	白藜芦醇合成酶	1.67	上调
	白藜芦醇合成酶	1.61	上调
	白藜芦醇合成酶	1.56	上调
	白藜芦醇合成酶	1.55	上调
	白藜芦醇合成酶	1.47	上调
	白藜芦醇合成酶	1.34	上调
	白藜芦醇合成酶	1.27	上调
	芪合成酶	2.47	上调
	芪合成酶	2.08	上调
	芪合成酶	1.19	上调

注：SL：单粒精播叶片；DL：双粒穴播叶片

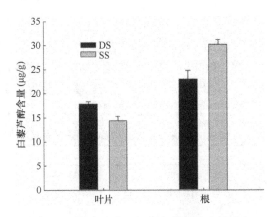

图 10-6　花生叶片和根中白藜芦醇含量测定

SS：单粒精播 15 800 穴/666.7m²，每穴 1 粒；DS：双粒穴播 9000 穴/666.7m²，每穴 2 粒

六、单粒精播模式中与抗逆相关的关键基因

据报道，转录因子（TF）与启动子上游的顺式元件结合，能够协调应激反应（Joshi et al., 2016）。在花生单粒精播条件下，这些 TF 基因（*WRKY*、*MYB*、*bZIP*、*ERF*）的高表达可能比双粒穴播更能提高花生胁迫耐受性。在植物中，氧化还原过程对植物的抗逆性也起着重要作用。几个编码抗坏血酸氧化酶、谷氧还蛋白和细胞色素 P450 单加氧酶（CYP）的氧化还原酶基因，在单粒精播花生的根中表达增加。与双粒穴播相比，花生单粒精播中大约有 30 个编码 CYP 的基因表达上调（表 10-5）。此外，花生单粒精播处理富集了 4 种编码 L-抗坏血酸氧化酶同系物的基因，它们参与了抗坏血酸的循环利用。在植物中，抗坏血酸通过调节细胞 H_2O_2 的水平来提高其对各种胁迫的耐受性（Ishikawa and Shigeoka, 2008）。单粒精播花生根中 POD、SOD、CAT 酶活性均高于双粒穴播。与双粒穴播相比，单粒精播花生中有 4 个编码谷氧还蛋白的基因被诱导表达（表 10-3），而谷氧还蛋白的依赖酶可能有助于减少二硫键。

表 10-5　单粒精播种植条件下与抗逆相关的基因

基因_id	基因描述	单粒精播根系 vs 双粒穴播根系
氧化还原		$\log_2$Ratio（SR/DR）
107460187	L-抗坏血酸氧化酶同系物	1.4
110279516	L-抗坏血酸氧化酶	1.4
107482474	L-抗坏血酸氧化酶	1.2
107480398	L-抗坏血酸氧化酶	1.1
107471312	谷胱甘肽	2.8
107475918	谷胱甘肽 3	2.4

续表

基因_id	基因描述	单粒精播根系 vs 双粒穴播根系
氧化还原		log₂Ratio（SR/DR）
107494759	谷胱甘肽-C1	1.5
107461150	谷胱甘肽 3	1.1
107475477	细胞色素 P450 类 83B1	2.2
107491506	细胞色素 P450 类 71A1	2.1
107475482	细胞色素 P450 类 83B1	2.0
107475708	细胞色素 P450 类 83B1	3.5
107478833	细胞色素 P450 类 84A1	1.1
107475710	细胞色素 P450 类 71A1	1.2
107487896	细胞色素 P450 类 71D8	1.2
107492914	细胞色素 P450 类 93A3	1.3
激素		log₂Ratio（SR/SD）
107491535	油菜素甾醇	1.7
107486286	赤霉素调控蛋白	2.4
BGI_novel_G000490	赤霉素受体 GID1	2.0
107495262	赤霉素受体 GID1	2.6
107476131	赤霉素受体 GID1	1.9
107464975	赤霉素 2-β-双加氧酶 2	1.7
107477445	DELLA 蛋白	1.7
107491113	DELLA 蛋白	1.1
107476118	生长素响应基因家族 GH3	1.9
107465048	生长素响应基因蛋白	1.8
107492413	生长素响应因子	1.9
107463844	生长素响应基因蛋白 IAA	1.4
107462192	生长素响应基因家族 GH3	1.8
107459619	生长素响应基因蛋白	1.5
107478268	生长素响应基因家族 GH3	1.0
107464096	生长素响应基因蛋白	1.2
107495645	脂氧合酶	2.4
107464479	亚油酸 9S 脂氧合酶	1.1
转录因子及信号调节		log₂Ratio（SR/SD）
107491013	MADS 盒转录因子	3.0
107476111	MADS 盒转录因子	5.7
107458618	锌指蛋白	2.8
107492404	锌指蛋白	2.4
110279598	锌指蛋白	2.3
107493757	锌指蛋白	1.8

基因_id	基因描述	单粒精播根系 vs 双粒穴播根系
转录因子及信号调节		log$_2$Ratio（SR/SD）
107481180	锌指蛋白	1.5
107460097	C2H2-类锌指蛋白	1.3
107483222	MYB 家族转录因子	4.8
107461398	MYB86 转录因子	1.5
107475194	MYB 转录因子	1.2
107491849	R2R3 MYB 蛋白	1.2
107459300	WRKY 转录因子	2.4
107472118	WRKY 转录因子	1.8
107472768	WRKY 转录因子	1.5
107481590	WRKY 转录因子	1.3
107463444	ERF114	2.4
107488356	ERF022	1.6
107464842	ERF13	1.5
107471058	ERF WRI1	1.0
107486141	ERF1	1.0
BGI_novel_G002321	bZIP	7.3
107487341	bZIP	1.5
107466101	钙结合蛋白 CML	1.4
107491924	钙结合蛋白 KIC	1.3
107460313	钙结合蛋白 CML	1.2
107479434	MAPKKK	1.5
抗病		log$_2$Ratio（SR/SD）
107468687	病程相关蛋白 1	2.2
107468499	病程相关蛋白 1	1.8
107468493	病程相关蛋白 1	1.4
107474846	病程相关蛋白 1	1.0
107460041	辅酶 A 连接酶	4.2
107472893	辅酶 A 连接酶	3.1
107480465	辅酶 A 连接酶	2.6
107458085	辅酶 A 连接酶	2.0
107466660	辅酶 A 连接酶	1.7
107481001	辅酶 A 连接酶	1.6

第三节 单粒精播对根际土酚酸类物质含量和酶活性的影响

作物正常生长发育不仅依靠地上部植株的光合作用和蒸腾作用，还与地下部根群吸收水分和矿质的能力密切相关（王忠，2012）。不同种植方式和密度下，群体内小环境的温度、湿度、光照、通气等因素以及土壤理化性质均不同，从而影响个休的生长发育和作物产量。植物可通过根系分泌物中的化感物质抑制另一种植物的生长，从而获得更多资源，促进自身发展。若植物释放出的化感物质对同茬或下茬同种或同科植物的生长产生抑制作用则会产生自毒作用（魏莎等，2010）。

根系分泌物是植物生长过程中，由根系的不同部位分泌或溢泌的一些无机离子和有机化合物统称。酚酸类物质是普遍存在于高等植物组织的一类重要的次生代谢物质，在植物抵制不良环境侵袭、防御外来因素干扰（王闯等，2009）和花生等作物连作障碍形成（刘苹等，2018；李庆凯等，2016）等方面具有重要的生态学意义。花生根系分泌物中的酚酸类物质可通过引起土壤微生物区系失衡（刘苹等，2018；Li et al.，2014）、促进土传病原菌生长（刘苹等，2011，2013）、降低土壤酶活性及养分含量等途径来影响土壤微生态环境，进而造成花生产量降低。研究表明，酚酸类物质对花生植株和根系的生长亦存在一定的自毒作用（唐朝辉，2014）。因此，酚酸类物质是花生根系分泌物中主要的化感物质。

目前有关花生单粒精播的研究主要集中在肥料、密度、群体结构与产量的关系方面，缺乏地下部生态环境的研究。为研究单粒精播如何影响花生地下部根系分泌物中的酚酸类物质及其化感作用，通过田间盆栽模拟试验，以花育22号为试验材料，研究了单粒精播与双粒穴播条件下花生开花下针期、结荚期和饱果期根际土壤中8种酚酸类物质含量、土壤酶活性差异。试验盆直径35cm，单粒精播（S）每盆播种2穴，每穴1粒，穴距20cm；双粒穴播（D）每盆播种1穴，每穴2粒。

一、单粒精播对花生根际土壤酚酸类物质含量的影响

研究发现，不论是同种植物还是不同种植物之间相互作用的正效应或是负效应，都与根系分泌物介导下的植物与特异微生物的共同作用有关。在特定环境下，植物根系分泌物可改变根际物理、化学或生物学特性，从而使其适应外界环境变化（Paterson et al.，2010）；反之，根际微生态环境变化也对植物根系分泌物释放和土壤物质循环、能量流动、信息传递有重要的影响（Nico et al.，2012）。

（一）花生开花下针期根际土壤酚酸类物质含量

在花生开花下针期，单粒精播（S）和双粒穴播（D）根际土壤中酚酸类物质的种类与含量均存在一定的差异（图 10-7）。双粒穴播（D）比单粒精播（S）多

了咖啡酸。与单粒精播相比，双粒穴播根际土壤中对羟基苯甲酸、阿魏酸、肉桂酸和香草酸含量分别增加了 54.88%、31.30%、44.76%、43.50%，且差异均达到了显著水平（$P < 0.05$）。其中，双粒穴播苯甲酸含量为单粒精播的 2.83 倍。两处理根际土壤中对香豆酸和邻苯二甲酸的含量差异均不显著（$P > 0.05$）。

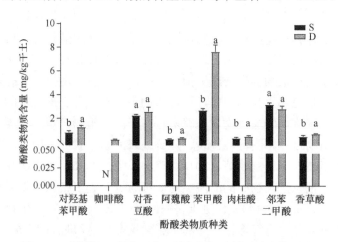

图 10-7　不同处理花生开花下针期根际土壤酚酸类物质含量

S：单粒精播每盆播种 2 穴，每穴 1 粒，穴距 20cm；D：双粒穴播每盆播种 1 穴，每穴 2 粒；N 代表未检出对应的酚酸类物质；不同小写字母表示不同处理间达到显著差异（$P < 0.05$）

（二）花生结荚期根际土壤酚酸类物质含量

图 10-8 为不同处理花生结荚期根际土壤酚酸类物质含量，可以看出，与开花

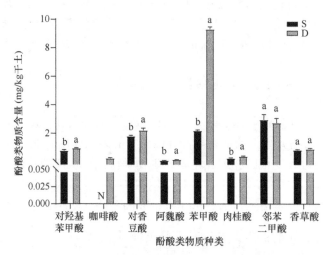

图 10-8　不同处理花生结荚期根际土壤酚酸类物质含量

S：单粒精播每盆播种 2 穴，每穴 1 粒，穴距 20cm；D：双粒穴播每盆播种 1 穴，每穴 2 粒；N 代表未检出对应的酚酸类物质；不同小写字母表示不同处理间达到显著差异（$P < 0.05$）

下针期相同，单粒精播（S）结荚期花生根际土壤中酚酸类物质比双粒穴播（D）少了咖啡酸。双粒穴播（D）显著增加了花生根际土壤中对羟基苯甲酸、对香豆酸、阿魏酸、苯甲酸和肉桂酸的含量（$P < 0.05$），其分别为单粒精播（S）的 1.22倍、1.23 倍、1.58 倍、4.25 倍和 1.50 倍。但两处理花生根际土壤中邻苯二甲酸和香草酸含量均差异不显著（$P > 0.05$）。

（三）花生饱果期根际土壤酚酸类物质含量

在花生饱果期，单粒精播（S）花生根际土壤中检测到 7 种酚酸类物质，而双粒穴播（D）检测到 6 种酚酸类物质，前者比后者少了咖啡酸，但多了邻苯二甲酸和香草酸（图 10-9）。与双粒穴播相比，单粒精播显著降低了花生根际土壤中对羟基苯甲酸、对香豆酸、阿魏酸、苯甲酸和肉桂酸含量（$P < 0.05$）。其中，对羟基苯甲酸、对香豆酸、苯甲酸和肉桂酸含量分别降低了 19.11%、21.16%、28.24%和 41.59%，阿魏酸则降低了 68.78%。

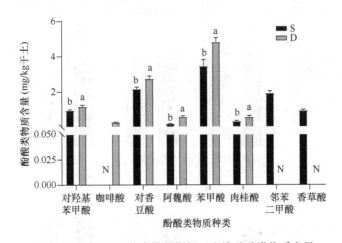

图 10-9　不同处理花生饱果期根际土壤酚酸类物质含量

S：单粒精播每盆播种 2 穴，每穴 1 粒，穴距 20cm；D：双粒穴播每盆播种 1 穴，每穴 2 粒；N 代表未检出对应的酚酸类物质；不同小写字母表示不同处理间达到显著差异（$P < 0.05$）

二、单粒精播对花生根际土壤酶活性的影响

土壤酶活性在一定程度上反映了土壤肥力、物质转化能力和环境的变化，可作为衡量土壤生物学活性和土壤生产力的指标。母容等（2011）研究发现，一定浓度的阿魏酸和对羟基苯甲酸等酚酸类化合物抑制了土壤中氨化细菌、硝化细菌和反硝化细菌及土壤脲酶、蛋白酶活性，影响了土壤氮素转化。前期的研究发现，连作花生根系分泌物中肉桂酸和对羟基苯甲酸显著降低了花生开花下针期根际土壤脲酶、中性磷酸酶和蔗糖酶活性，且浓度越高，降幅越大（李庆凯等，2016）。

图 10-10 为不同处理花生开花下针期、结荚期和饱果期根际土壤脲酶、碱性磷酸酶和蔗糖酶活性。单粒精播（S）均显著增加了花生根际土壤脲酶和碱性磷酸酶活性（$P < 0.05$），与双粒穴播（D）相比，三次取样可分别增加 10.70%～24.86% 和 18.62%～34.47%。与土壤脲酶和碱性磷酸酶的变化规律类似，双粒穴播（D）显著降低了花生开花下针期和结荚期土壤蔗糖酶活性，但两处理饱果期蔗糖酶活性不存在显著差异（$P > 0.05$）。

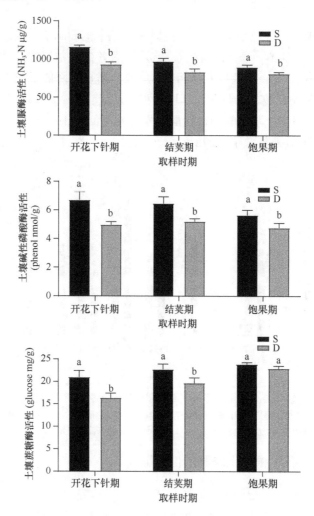

图 10-10　不同处理和时期花生根际土壤酶活性

S：单粒精播每盆播种 2 穴，每穴 1 粒，穴距 20cm；D：双粒穴播每盆播种 1 穴，每穴 2 粒；不同小写字母表示不同处理间达到显著差异（$P < 0.05$）

总体来看，三次取样，在开花下针期单粒精播（S）和双粒穴播（D）的花生根际三种土壤酶活性的差异均最大，前者土壤脲酶、碱性磷酸酶和蔗糖酶活性分别比后者增加了 24.86%、34.47% 和 28.17%。

酚酸类物质在土壤中的累积与微生物类群分布和活性变化有着密切的关系，且存在一定的浓度效应（刘苹等，2018）。植物的化感作用是释放的所有化感物质综合作用的结果，且多种酚酸类物质可能存在协同或拮抗作用（刘苹等，2013）。双粒穴播根际土壤中较高的酚酸类物质含量可能改变了花生根际土壤微生物多样性和群落结构，使某些特定微生物类群得到富集，从而影响了土壤酶活性。另外，较多种类的酚酸类物质可能存在协同作用，增加了植物对土壤微生物和土壤酶的化感抑制作用。一定浓度的酚酸类物质亦可通过降低土壤 pH、改变土壤微生物胞内酶与胞外酶比例或酶构象和直接作用于土壤酶等途径降低土壤酶活性。花生开花下针期土壤酶活性所受影响较大，可能与该时期花生根系对外界环境比较敏感有关。

三、单粒精播对花生产量及产量构成因素的影响

单粒精播显著增加了花生产量（表 10-6）。与双粒穴播相比，花生每盆荚果产量、单株结果数、饱果率和出仁率均显著增加（$P < 0.05$），分别可增加 13.27%、22.86%、10.11% 和 3.33%；单粒精播处理花生千克果数显著低于双粒穴播，而单株生物产量则显著高于双粒穴播（$P < 0.05$）。说明单粒精播可通过发挥花生单株生产潜力提高荚果形成期营养物质向荚果的分配转移率，从而增加荚果数量及使其充实与饱满。

表 10-6　不同处理花生产量、产量构成因素（平均值±标准偏差）

处理	每盆荚果产量（g/盆）	单株结果数	饱果率（%）	出仁率（%）	千克果数	单株生物产量（g）
S	95.41±3.47a	26.07±2.08a	79.62±2.42a	67.74±0.33a	769.63±8.32b	88.57±2.51a
D	84.23±2.82b	21.22±1.39b	72.31±3.15b	65.56±0.12b	813.90±10.10a	70.52±3.00b

注：S：单粒精播每盆播种 2 穴，每穴 1 粒，穴距 20cm；D：双粒穴播每盆播种 1 穴，每穴 2 粒；不同小写字母表示处理间达到显著差异（$P < 0.05$）

单粒精播改变了花生根际土壤中酚酸类物质的种类和含量，增加了花生根际土壤脲酶、碱性磷酸酶和蔗糖酶活性，影响了单株结果数、饱果率、出仁率、单株生物产量和千克果数，显著增加了每盆花生荚果产量。表明单粒精播可通过降低花生根际土壤酚酸类物质种类、含量和增加根际土壤酶活性的方式，减小花生个体间地下部竞争，实现了花生产量的增加，单粒精播对花生根际土壤微生物区系的影响有待进一步研究。

参 考 文 献

陈传永, 侯玉虹, 孙锐, 等. 2010. 密植对不同玉米品种产量性能的影响及其耐密性分析. 作物学报, 36(7): 1153-1160.

陈仁飞, 姬明飞, 关佳威, 等. 2015. 植物对称性竞争与非对称性竞争研究进展及展望. 植物生态学报, 39(5): 530-540.

李庆凯, 刘苹, 唐朝辉, 等. 2016. 两种酚酸类物质对花生根部土壤养分、酶活性和产量的影响. 应用生态学报, 27(4): 1189-1195.

凌启鸿. 2000. 作物群体质量. 上海: 上海科学技术出版社.

刘苹, 王梅, 杨力, 等. 2011. 花生根系腐解物对根腐镰刀菌和固氮菌的化感作用研究. 安徽农业科学, 39(35): 21701-21703.

刘苹, 赵海军, 李庆凯, 等. 2018. 三种酚酸类化感物质对花生根际土壤微生物及产量的影响. 中国油料作物学报, 40(1): 101-109.

刘苹, 赵海军, 仲子文, 等. 2013. 三种根系分泌脂肪酸对花生生长和土壤酶活性的影响. 生态学报, 33(11): 3332-3339.

马均, 朱庆森, 马文波, 等. 2003. 重穗型水稻光合作用、物质积累与运转的研究. 中国农业科学, 36(4): 375-381.

母容, 潘开文, 王进闯, 等. 2011. 阿魏酸、对羟基苯甲酸及其混合液对土壤氮及相关微生物的影响. 生态学报, 31(3): 793-800.

沈毓骏, 安克, 王铭伦, 等. 1993. 夏直播覆膜花生减粒增穴的研究. 莱阳农学院学报, 10(1): 1-4.

孙彦浩, 刘恩鸿, 隋清卫, 等. 1982. 花生亩产千斤高产因素结构与群体动态的研究. 中国农业科学, (1): 71-75.

唐朝辉. 2014. 化感物质对花生根系生长发育及产量的影响. 青岛: 青岛农业大学硕士学位论文.

万书波. 2003. 中国花生栽培学. 上海: 上海科学技术出版社.

王闯, 徐公义, 葛长城, 等. 2009. 酚酸类物质和植物连作障碍的研究进展. 北方园艺, (3): 134-137.

王忠. 2012. 植物生理学. 7 版. 北京: 中国农业出版社.

魏莎, 李素艳, 孙向阳, 等. 2010. 根分泌物及其化感作用研究进展. 北方园艺, (18): 222-226.

张佳蕾, 郭峰, 苗昊翠, 等. 2018. 单粒精播对高产花生株间竞争缓解效应研究. 花生学报, 47(2): 52-58.

赵明, 李建国, 张宾, 等. 2006. 论作物高产挖潜的补偿机制. 作物学报, 32(10): 1566-1573.

Chen X P, Lu Q, Liu H, et al. 2019. Sequencing of cultivated peanut, *Arachis hypogaea*, yields insights into genome evolution and oil improvement. Mol Plant, 12(7): 923-934.

Conesa A, Gotz S, Garcia-Gomez J M, et al. 2005. Blast2GO: a universal tool for annotation, visualization and analysis in functional genomics research. Bioinformatics, 21(18): 3674-3676.

Ishikawa T, Shigeoka S. 2008. Recent advances in ascorbate biosynthesis and the physiological significance of ascorbate peroxidase in photosynthesizing organisms. Biosci Biotechnol Biochem, 72: 1143-1154.

Joshi R, Wani S H, Singh B, et al. 2016. Transcription factors and plants response to drought stress:

current understanding and future directions. Front Plant Sci, 17: 1029.

Li X G, Ding C F, Hua K, et al. 2014. Soil sickness of peanuts is attributable to modifications in soil microbes induced by peanut root exudates rather than to direct allelopathy. Soil Biology and Biochemistry, 78: 149-159.

Nico E, Scheu S, Jousset A. 2012. Bacterial diversity stabilizes community productivity. Plos One, 7(3): e34517.

Paterson E, Thomas G, Claire A, et al. 2010. Rhizodeposition shapes rhizosphere microbial community structure in organic soil. New Phytologist, 173(3): 600-610.

第十一章　花生单粒精播超高产分析

山东省农业科学院花生栽培与生理生态创新团队培创的花生单粒精播高产攻关连续多年亩产突破了 750kg，2015 年创造实收 782.6kg/666.7m² 的世界纪录。但是，全国花生平均单产与高产纪录相差超过 540kg/666.7m²，主要原因有以下几点：一是高产出的背后是高投入，高产攻关化肥用量大；二是单粒精播技术体系研究不够完善，不同地力条件下的适宜模式和种植密度未明确；三是生产上田间管理粗放，防徒长和防病保叶不及时；四是单粒精播播种机不够成熟，技术推广较慢。因此要以点带面，加快推广花生单粒精播技术体系，推动我国花生高产高效种植。

第一节　单粒精播对超高产花生群体结构和产量的影响

理想株型和群体构建对高产的实现至关重要。传统双粒穴播花生在高产条件下，群体与个体矛盾突出，群体质量下降，产量降低。而以单粒精播代替双粒穴播，可以缓解花生群体与个体的矛盾，实现花生高产高效（赵长星等，2013；李安东等，2004；孙彦浩等，1998）。因此，通过单粒精播构建超高产花生合理的群体结构，缓解个体发育与群体质量间的矛盾，对花生获取更高产具有重要意义。塑造理想株型、优化产量构成是进一步提高作物产量的有效途径。花生产量构成因素、个体发育与群体结构之间表现消长规律，三者合理与否是权衡群体高产的重要标志（孙彦浩等，1982）。而对超高产花生的定义，目前较为一致的观点是产量≥9000kg/hm² 即视为超高产。叶面积指数峰值持续时间长、干物质生产速率峰值高和后期下降速度慢是超高产群体的显著特征（赵长星等，2013；冯昊等，2011；王才斌等，2004）。

为探明花生个体发育和群体结构与超高产之间的关系，2014 年在平度古岘镇、莒南板泉镇、冠县梁堂乡和宁阳葛石镇的 4 块超高产田进行试验，明确了单粒精播对超高产花生个体发育与群体结构的影响，为花生单产水平的进一步提高提供了理论依据，可用于指导超高产花生生产。

一、荚果产量

单粒精播（SS）与双粒穴播（DS）相比，鲜果重显著增加，折干率基本相同，荚果产量显著提高。与双粒穴播相比，莒南单粒精播花生单产荚果增产 15.27%，增产幅度最大。其次是冠县和平度，分别增产 14.59%和 14.01%。宁阳单粒精播增产幅度最小，为 11.79%。不同地点，单粒精播花生的荚果产量以莒南最高，产量达 11 289.0kg/hm² （752.6kg/666.7m²），显著高于其他 3 个试验点。其中平度 10 107.0kg/hm² （673.8kg/666.7m²），宁阳 9924.0kg/hm² （661.6kg/666.7m²），冠县 9814.5kg/hm² （654.3kg/666.7m²），均超过了 9750kg/hm² （650kg/666.7m²）。不同试验点间花生的折干率以冠县和宁阳较高，莒南次之，平度最低（表 11-1）。

表 11-1　不同种植方式下各试验点实收荚果产量（张佳蕾等，2015）

试验点	处理	鲜果重（kg/hm²）	折干率（%）	荚果产量（kg/hm²）	增产（%）
莒南	SS	19 363.5a	58.3b	11 289.0a	15.27
	DS	16 828.0c	58.2b	9 793.9c	
平度	SS	18 376.5b	55.0c	10 107.0b	14.01
	DS	16 059.0d	55.2c	8 865.0d	
冠县	SS	15 829.5d	62.0b	9 814.5bc	14.59
	DS	13 882.5f	61.7ab	8 565.0e	
宁阳	SS	16 162.5c	61.4b	9 924.0bc	11.79
	DS	14 481.0e	61.3b	8 877.0d	

注：SS：单粒精播，16 500 穴/666.7m²，每穴 1 粒；DS：双粒穴播，10 000 穴/666.7m²，每穴 2 粒；同列中不同小写字母表示差异显著（$P < 0.05$）

二、单株产量和产量构成因素

收获前各试验点调查，单粒精播均显著增加了花生单株结果数、饱果数和单株果重。莒南单粒精播花生单株结果数比双粒穴播增加 8.33 个，理论果数达到 710.4 万个/hm²（47.36 万个/666.7m²），比双粒穴播的 627.45/hm²（41.83 万个/666.7m²）增加 13.22%（包括幼果）。平度理论果数达到 597.15 万个/hm²（39.81 万个/666.7m²），比双粒穴播的 570.3 万个/hm²（38.02 万个/666.7m²）增加 4.71%。单粒精播对不同试验点花生的双仁果率影响略有不同，其中平度提高幅度最大，达到 3.61 个百分点，其次是莒南，提高了 3.3 个百分点，冠县和宁阳提高幅度较小。莒南花生单粒精播模式下的单株果重比双粒穴播增加了 50.93%，而平度、冠县和宁阳分别增加了 43.46%、19.41%和 21.49%。不同试验点单粒精播模式下，莒南的单株结果数和单株果重均最高，其次是平度（表 11-2）。

表 11-2　不同种植方式下各试验点花生成熟期单株结果情况（张佳蕾等，2015）

试验点	处理	幼果数	秕果数	饱果数	单株结果数	双仁果率（%）	单株果重（g）
莒南	SS	5.22c	15.92a	10.4 c	31.57a	73.45a	48.81a
	DS	6.31b	9.71b	7.22e	23.24cd	70.15c	32.34d

续表

试验点	处理	幼果数	秕果数	饱果数	单株结果数	双仁果率（%）	单株果重（g）
平度	SS	9.74a	8.35cd	8.45d	26.54b	71.26b	40.47b
	DS	6.35b	7.54d	7.23e	21.12e	67.65d	28.21f
冠县	SS	3.12e	6.46e	13.21a	22.79d	74.27a	35.56c
	DS	4.24d	3.65f	11.70b	19.59f	73.53a	29.78e
宁阳	SS	2.56f	10.43b	10.93bc	23.92c	71.75b	39.29b
	DS	3.27e	8.71c	8.40d	20.38ef	71.16bc	32.34d

注：SS：单粒精播，16 500 穴/666.7m^2，每穴 1 粒；DS：双粒穴播，10 000 穴/666.7m^2，每穴 2 粒；同列中不同小写字母表示差异显著（$P < 0.05$）

三、植株性状

饱果期单粒精播模式下花生植株性状考察，平度花生的主茎高、侧枝长最大，显著高于其他试验点（表 11-3）。宁阳的主茎高、侧枝长最小，冠县的主茎节数最小，与其他试验点相比，差异均达显著水平。主茎绿叶数表现为莒南 > 平度 > 宁阳 > 冠县，其中冠县的主茎绿叶数显著低于其他试验点。分枝数表现为莒南 > 宁阳 > 平度 > 冠县。根冠比表现为宁阳 > 莒南 > 冠县 > 平度。叶面积指数莒南最大，显著高于其他试验点，其次是宁阳，冠县最小。单株果重以莒南最高，其次是宁阳，最低为平度。各试验点单粒精播花生饱果期与成熟期的单株果重相比，平度增加幅度最大，成熟期比饱果期提高了 16.80%，其次是莒南，提高了 5.81%。而冠县和宁阳单株果重成熟期比饱果期略有降低，原因是这两个试验点收获前遇连阴雨天，出现部分烂果和芽果。

表 11-3　各试验点单粒精播花生饱果期植株性状（张佳蕾等，2015）

试验点	主茎高（cm）	侧枝长（cm）	主茎节数	主茎绿叶数	分枝数	根冠比	叶面积指数	单株果重（g）
莒南	32.42b	34.05b	16.23ab	13.62a	11.82a	0.071a	4.78a	46.13a
平度	39.13a	40.92a	17.24a	13.07a	11.06ab	0.062b	3.32c	34.65c
冠县	32.21b	34.84b	12.61c	8.63c	10.83b	0.069a	3.03c	35.70c
宁阳	28.73c	32.17c	14.83b	11.44b	11.41a	0.073a	4.01b	40.99b

注：同列中不同小写字母表示差异显著（$P < 0.05$）

单粒精播花生饱果期的单株产量与植株性状相关性分析显示，单株果重与主茎高和侧枝长表现为负相关，与主茎节数、主茎绿叶数和根冠比表现为正相关，与分枝数和叶面积指数表现为显著正相关。主茎高与侧枝长表现为显著正相关。而根冠比与主茎高和侧枝长表现为显著或极显著负相关。叶面积指数与分枝数表现为极显著正相关（表 11-4）。

表 11-4　各试验点单粒精播花生饱果期单株产量与植株性状相关性分析（张佳蕾等，2015）

	单株果重	主茎高	侧枝长	主茎节数	主茎绿叶数	分枝数	根冠比
主茎高	−0.534						
侧枝长	−0.640	0.987*					
主茎节数	0.196	0.593	0.551				
主茎绿叶数	0.496	0.363	0.289	0.949			
分枝数	0.964*	−0.37	−0.469	0.437	0.696		
根冠比	0.698	−0.977*	−0.996**	−0.475	−0.204	0.542	
叶面积指数	0.973*	−0.373	−0.477	0.415	0.680	0.999**	0.548

*表示在 0.05 水平上差异显著；**表示在 0.01 水平上差异显著

作物单位面积高产主要靠增加群体密度，而高密度条件下群体与个体矛盾更加突出，密植群体形成高产的关键在于构建合理的群体结构。花生开花结实存在花多不齐、针多不实和果多不饱的矛盾。花生个体、根、叶、花的发育规律与有效花和无效花的开花时期、有效果针和无效果针的入土时期等密切相关。虽然单粒精播单位面积株数有所降低，但个体发育较好，充分发挥了单株增产潜力，单位果数显著高于双粒穴播。孙彦浩等研究发现，花生要进一步获得高产，应在增加群体果数的同时，提高双仁果率和饱果率。

四、莒南超高产植株性状

（一）主茎高和侧枝长

莒南单粒精播和双粒穴播花生的主茎高与侧枝长变化趋势基本一致。单粒精播在花针期和结荚期的主茎高与侧枝长要高于双粒穴播，花针期差异较小，结荚期差异较大。单粒精播花生的主茎高和侧枝长在结荚期之后增长变缓，而双粒穴播增长较快，饱果期和成熟期的主茎高与侧枝长均显著高于单粒精播。单粒精播在花针期和结荚期的主茎高与侧枝长日增长速率要高于双粒穴播，而在饱果期和成熟期则表现为双粒穴播的主茎高和侧枝长日增长速率显著高于单粒精播（图 11-1）。

（二）主茎节数和主茎绿叶数

单粒精播花生各生育期的主茎节数均多于双粒穴播，其中花针期和结荚期差异较大。双粒穴播花生虽然生育后期的主茎高增长较快，但主茎节数增加较慢，双粒穴播花生生育后期主茎高增长的主要原因是节间变长。两种种植模式下的花生主茎绿叶数变化均呈倒"V"形趋势，饱果期达最大，成熟期随植株衰老而减少。单粒精播花生各生育期的主茎绿叶数均高于双粒穴播，花针期和结荚期差异显著，饱果期差异较小，成熟期差异又增大（图 11-2）。

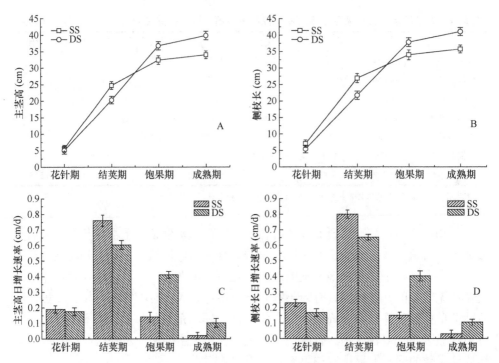

图 11-1　莒南试验点主茎高（A）、侧枝长（B）、主茎高日增长速率（C）和侧枝长日增长速率（D）（张佳蕾等，2015）

SS：单粒精播，16 500 穴/666.7m²，每穴 1 粒；DS：双粒穴播，10 000 穴/666.7m²，每穴 2 粒

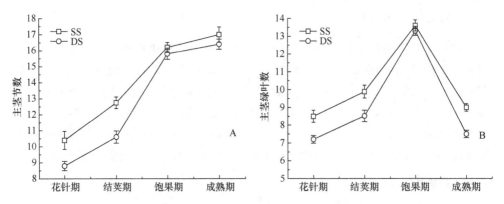

图 11-2　莒南试验点花生各生育期主茎节数（A）和主茎绿叶数（B）（张佳蕾等，2015）

SS：单粒精播，16 500 穴/666.7m²，每穴 1 粒；DS：双粒穴播，10 000 穴/666.7m²，每穴 2 粒

（三）分枝数和根冠比

单粒精播花生各生育期分枝数均显著高于双粒穴播。单粒精播花生生育前期分枝数增加较快，到结荚期之后增加缓慢。双粒穴播花生在生育前期的分枝数较

少，到饱果期还在较快增加。单粒精播花生比双粒穴播能更早地达到最大分枝数，构建好理想株型，有利于果针集中下扎和单株结果数的增加。两种种植模式下花生的根冠比变化均呈"V"形趋势，生育前期根冠比较大，随着地上部的生长根冠比降低，到饱果期降到最低，之后随着植株衰老落叶而变大。单粒精播花生饱果期之前的根冠比均高于双粒穴播，而成熟期却低于后者，双粒穴播花生生育后期早衰落叶严重，导致根冠比增大，从而高于单粒精播（图11-3）。

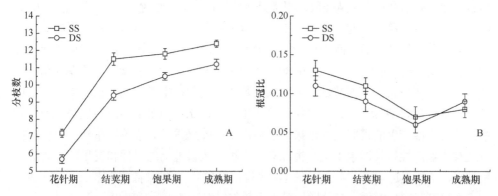

图 11-3　莒南试验点花生各生育期分枝数（A）和根冠比（B）（张佳蕾等，2015）

SS：单粒精播，16 500 穴/666.7m²，每穴 1 粒；DS：双粒穴播，10 000 穴/666.7m²，每穴 2 粒

（四）单株产量与植株性状相关性分析

对莒南单粒精播花生成熟期的单株产量和各植株性状之间的相关性进行分析，单株果重与主茎高和侧枝长呈负相关，与主茎节数呈正相关，与分枝数呈显著正相关，与经济系数和叶面积指数呈极显著正相关（表11-5）。经济系数与分枝数呈显著正相关，与叶面积指数表现为极显著正相关。叶面积指数与分枝数表现为显著正相关。单粒精播花生的分枝数是决定叶面积指数、经济系数和单株荚果产量的重要因素。

表 11-5　莒南试验点单粒精播花生成熟期单株产量与植株性状相关性分析（张佳蕾等，2015）

	单株果重	主茎高	侧枝长	分枝数	主茎节数	经济系数
主茎高	-0.413					
侧枝长	-0.499	0.867				
分枝数	0.897*	-0.323	-0.400			
主茎节数	0.616	0.339	0.120	0.774		
经济系数	0.994**	-0.420	-0.516	0.936*	0.652	
叶面积指数	0.965**	-0.180	-0.269	0.913*	0.774	0.962**

*表示在 0.05 水平上差异显著；**表示在 0.01 水平上差异显著

合理群体结构的构建，最主要的是叶面积的建成，叶面积的大小和较大叶面积持续期，直接影响干物质的生产能力。花生高产的主要问题是如何提高光能利用率，而提高光能利用率首先要增大有效绿叶面积（孙彦浩等，1982），叶面积指数峰值持续时间长是超高产花生的一个显著特点（王才斌等，2004）。郑亚萍等（2003）对超高产花生群体特征研究发现，山东春花生 LAI 峰值出现在饱果期，峰值期 LAI 在 5 以上。吴正锋等（2013）研究发现群体源数量不足是低产花生产量的主要限制因素，增大源强度是产量从一般水平提升到区域高产的主要途径。李安东等（2004）研究发现，单粒播花生的幼苗期干物质积累量和单株叶面积与传统双粒播相比差异较小，进入花针期以后，两种播种方式的差异逐渐显现出来，干物质积累量和单株叶面积分别在出苗后的 50～70d 和 80～100d 差异最为明显。莒南试验点单粒精播处理主茎高、侧枝长、主茎节数、主茎绿叶数和分枝数在生育前期增长速率较快，比双粒穴播提早封垄 10～15d。单粒精播花生的根冠比在饱果期之前明显高于双粒穴播，双粒穴播花生的根冠比饱果期之后由于落叶严重而高于单粒精播。单粒精播可通过影响活性氧代谢水平延缓植株衰老进程，改善地上部群体和荚果的干物质积累动态，从而促进荚果产量的提高（冯烨等，2013）。单粒精播的主茎绿叶数在成熟期仍明显高于双粒穴播，有效增加了光合面积，促进了干物质积累。

作物从高产到更高产水平在于生物学产量与经济系数的同步提高，而从更高产到超高产水平则主要在于提高生物学产量，并保持较高的经济系数（Takai et al.，2006）。对各试验点单粒精播花生饱果期考察，产量最高的莒南，主茎高和侧枝长显著低于平度，而其根冠比和叶面积指数则显著高于后者。群体生长速率在生育中期与叶面积指数呈显著负相关，而在生育后期与群体净同化率、荚果生长速率呈显著正相关（蒋春姬等，2010）。对 4 个试验点单粒精播模式下饱果期的植株性状与单株产量相关性分析，单株产量与主茎高和侧枝长表现为负相关，而与分枝数和叶面积指数表现为显著正相关。对莒南花生单粒精播模式下成熟期的植株性状与单株产量相关性分析，单株果重与主茎高和侧枝长呈负相关，与分枝数呈显著正相关，与经济系数和叶面积指数呈极显著正相关。所以，花生超高产条件下存在地上部冗余现象，在保证源供的同时，扩大库容量和提高经济系数是进一步提高产量的关键，而单粒精播具有明显的优势。

超高产条件下的花生单粒精播，相对于传统双粒穴播更容易获得高产，单产能提高 10%以上。原因有两个：一是生育前期单粒精播花生个体与群体竞争较小，植株早发快长而提早封垄，较早达到最大有效光合面积。二是生育后期单粒精播能延缓植株衰老，适期晚收可有效延长光合时间。超高产条件下，荚果产量与主茎高和侧枝长呈负相关，而与分枝数、叶面积指数和经济系数呈显著正相关。因此花生在超高产条件下应防止地上部旺长，促进干物质的运转与积累。

第二节　花生单粒精播超高产典型

自 2014 年以来，山东省农业科学院花生栽培与生理生态创新团队在山东平度、莒南、莱州、招远、莱西、宁阳、冠县、高唐等多地及新疆和湖南等地进行了花生单粒精播技术试验示范，取得了良好的示范效果。

一是节本增效增产显著。与传统双粒播种相比，花生单粒精播技术用种量减少 20%～30%，并且较好地协调了个体和群体发育动态，平均荚果单产增产 8%～10%，增加效益 3150 元/hm² 以上。

二是连续创造高产纪录。山东省农业科学院培创的单粒精播高产攻关田，连续多年荚果实收超过 750kg/666.7m²。2014 年 9 月 26 日，山东省农业厅组织专家，对设在莒南板泉镇的花生单粒精播高产攻关田进行验收，荚果实收达到 752.6kg/666.7m²，打破了 31 年前的花生高产纪录。2015 年 9 月 23 日，农业部种植业管理司委托全国农业技术推广服务中心组织国内有关专家，对设在平度古岘镇的单粒精播高产攻关田进行了验收，荚果实收达到 782.6kg/666.7m²，创造了我国花生单产新纪录。2016 年 9 月 25 日，全国农业技术推广服务中心组织国内专家，对设在新疆玛纳斯县的单粒精播高产攻关田进行验收，荚果实收达到 752.7kg/666.7m²，创造了新疆花生单产纪录。2018 年 9 月 10 日，山东省农业厅组织专家对设在莒南道口镇的花生单粒精播高产攻关田进行验收，实收荚果 763.6kg/666.7m²，创造了 2018 年花生单产最高纪录。

三是应用前景广阔。花生单粒精播技术在 2011～2018 年连续 8 年被列为山东省农业主推技术，2015～2019 年连续 5 年被列为农业部主推技术，颁布为国家农业行业标准。近几年，花生单粒精播技术在山东累计种植面积超过 100 万 hm²（1500万亩）。该技术节本增效增产显著，若全国推广 60% 的面积，可节种 67 万 t，增收 8.60 亿～12.9 亿元，推广应用前景广阔。单粒精播技术的应用是我国花生种植技术的一次重要变革，成为花生更高产的关键措施。

参 考 文 献

冯昊, 李安东, 吴兰荣, 等. 2011. 春花生超高产生育动态及生理特性研究. 山东农业科学, 11: 28-31, 34.

冯烨, 李宝龙, 郭峰, 等. 2013. 单粒精播对花生活性氧代谢、干物质积累和产量的影响. 山东农业科学, 45(8): 42-46.

蒋春姬, 梁煊赫, 曹铁华, 等. 2010. 密植条件下高产花生品种的群体结构及生长特性比较. 吉林农业大学学报, 32(3): 237-241.

李安东, 任卫国, 王才斌, 等. 2004. 花生单粒精播高产栽培生育特点及配套技术研究. 花生学报, 33(2): 17-22.

孙彦浩, 刘恩鸿, 隋清卫, 等. 1982. 花生亩产千斤高产因素结构与群体动态的研究. 中国农业科学, (1): 71-75.

孙彦浩, 王才斌, 陶寿祥, 等. 1998. 试述花生的高产潜力和途径. 花生科技, (4): 5-9.

王才斌, 郑亚萍, 成波, 等. 2004. 花生超高产群体特征与光能利用研究. 华北农学报, 19(2): 40-43.

吴正锋, 王才斌, 刘俊华, 等. 2013. 不同产量水平花生群体特征研究. 花生学报, 42(4): 7-13.

张佳蕾, 郭峰, 杨佃卿, 等. 2015. 单粒精播对超高产花生群体结构和产量的影响. 中国农业科学, 48(18): 3757-3766.

赵长星, 邵长亮, 王月福, 等. 2013. 单粒精播模式下种植密度对花生群体生态特征及产量的影响. 农学学报, 3(2): 1-5.

郑亚萍, 孔显民, 成波, 等. 2003. 花生高产群体特征研究. 花生学报, 32(2): 21-25.

Takai T, Matsuura S, Nishio T, et al. 2006. Rice yield potential is closely related to crop growth rate during late reproductive period. Field Crops Res, 96: 328-335.

第十二章　花生单粒精播关键配套技术和技术体系建立

花生单粒精播高产攻关沿用 30 多年前的老品种海花 1 号，创造实收荚果 782.6kg/666.7m^2 的世界纪录，并连续多年实收超过 750kg/666.7m^2，证明单粒精播技术体系是成熟可靠的，单粒精播技术是我国花生种植技术的一次重要变革，是花生更高产的关键措施。该体系以"单粒精播"技术为核心，辅以"钙肥调控"技术和"三防三促"技术。

第一节　钙肥调控技术

花生是喜钙作物，需钙量大，每 100kg 荚果需钙 2.0～2.5kg，仅次于氮、钾，居营养元素第三位。与同等产量水平的其他作物相比，花生需钙量约为大豆的 2 倍，玉米的 3 倍，水稻的 5 倍，小麦的 7 倍。钙在花生体内的流动性差，在花生植株一侧施钙，并不能改善另一侧的果实质量。花生根系吸收的钙，除满足根系自身生长需要外，主要输送到茎叶，运转到荚果的很少。花生对不同肥料钙的利用率为 4.8%～12.7%（万书波，2003）。

一、增施钙肥对旱地花生产量和品质的影响

环境胁迫下植物能通过提高胞内游离钙离子浓度使其与钙调素（CaM）结合从而启动一系列生理生化过程，形成细胞的逆境伤害适应机制，从而使 Ca^{2+}和 CaM 在植物对逆境胁迫的感受、传递、响应和适应过程中起中心作用。国内外对花生 Ca 营养的研究较多，主要涉及 Ca 对花生生长发育、产量及产量构成因素、籽仁品质的影响，以及形态解剖特征、生理生化特性和分子生物学机理，初步明确了 Ca 在花生荚果发育、抗逆性、产量构成等方面的重要作用（李岳等，2012；王才斌等，2008；Rahman，2006；周卫和林葆，2001，1996；Adams et al.，1993）。

为研究钙肥对旱地花生植株发育和生理特性等的影响，明确钙肥影响旱地花生产量的生理基础，于 2014 年和 2015 年在莒南的丘陵旱地进行试验。试验设置 3 个钙肥处理，分别为每 666.7m^2 施钙镁磷肥（P$_2$O$_5$：CaO：SiO$_2$：MgO=14：28：40：5）0kg、50kg、100kg，折算成 CaO 为 0kg（T0）、14kg（T1）、28kg（T2）。

（一）钙肥对旱地花生植株性状和产量的影响

我国花生主要分布于干旱和半干旱丘陵地区，由于生长季降雨量不均且年度间波动较大，约有70%的花生受到不同程度干旱胁迫，干旱引起的花生减产率平均在20%以上，是限制花生产量提高的主要因素（严美玲等，2007；姜慧芳和任小平，2004）。旱地花生施用钙肥可显著提高植株的主茎高、侧枝长、分枝数和主茎节数，尤其是能大幅提高分枝数，从而显著提高生物产量（表12-1），奠定了花生经济产量增加的物质基础。不同钙肥施用量相比，CaO用量14kg/666.7m^{2}处理对旱地花生植株生长的促进作用要高于CaO用量28kg/666.7m^{2}处理，但差异不显著。钙肥处理的花生在收获期的主茎绿叶数显著高于不施钙处理，说明旱地花生施用钙肥后植株保绿性较好，有利于延长叶片光合时间，增加光合产物积累。

表 12-1　钙肥对旱地花生成熟期植株性状的影响（张佳蕾等，2016）

处理	主茎高（cm）	侧枝长（cm）	分枝数	主茎绿叶数	主茎节数	生物产量（g）
T0	38.0±1.2b	41.2±0.7b	9.5±0.3b	5.5±0.4b	17.5±0.3b	46.87±3.31b
T1	41.1±1.4a	43.3±1.5a	11.0±0.8a	7.0±0.6a	18.5±0.6a	52.69±4.17a
T2	40.2±0.9a	42.5±1.1a	10.5±0.6a	6.5±0.7a	18.2±0.5a	50.02±2.75a

注：T0：CaO 0kg/666.7m^2；T1：CaO 14kg/666.7m^2；T2：CaO 28kg/666.7m^2；同列不同小写字母表示差异显著（$P < 0.05$）

增施钙肥显著增加旱地花生的单株结果数、单株果重、双仁果率、出仁率和荚果产量，单位面积株数也有所增加。CaO用量14kg/666.7m^{2}处理的荚果产量比不施钙肥处理提高了22.26%，CaO用量28kg/666.7m^{2}处理比不施钙肥处理增产18.56%。CaO用量14kg/666.7m^{2}处理的双仁果率比不施钙肥处理高4.92个百分点，出仁率高3.42个百分点；CaO用量28kg/666.7m^{2}处理的双仁果率比不施钙肥处理高5.23个百分点，出仁率高3.90个百分点。不同施钙量相比，CaO用量14kg/666.7m^{2}与CaO用量28kg/666.7m^{2}处理的单株结果数、单株果重、单位面积株数、双仁果率和出仁率均差异不显著，CaO用量14kg/666.7m^{2}处理的荚果产量比CaO用量28kg/666.7m^{2}处理增产3.12%（表12-2）。

表 12-2　钙肥对旱地花生产量和产量构成因素的影响（张佳蕾等，2016）

处理	单株结果数	单株果重（g）	单位面积株数	双仁果率（%）	出仁率（%）	荚果产量（kg/hm^2）
T0	11.85±0.94b	22.25±0.96b	14 400±130a	61.87±2.31b	67.51±0.69b	4727.8±219.1b
T1	13.50±1.26a	25.97±0.42a	14 900±210a	66.79±3.25a	70.93±0.48a	5780.1±235.3a
T2	12.90±0.68a	25.35±0.27a	14 800±90a	67.10±2.79a	71.41±0.65a	5605.3±176.2a

注：T0：CaO 0kg/666.7m^2；T1：CaO 14kg/666.7m^2；T2：CaO 28kg/666.7m^2；同列不同小写字母表示差异显著（$P < 0.05$）

（二）钙肥对旱地花生生育后期生理特性的影响

1. 保护酶活性和 MDA 含量

钙肥处理均显著提高旱地花生在饱果期和成熟期的叶片保护酶 SOD、POD 和 CAT 活性，显著降低了 MDA 含量（表 12-3）。与不施钙肥处理相比，CaO 用量 14kg/666.7m^2 和 CaO 用量 28kg/666.7m^2 处理饱果期叶片的 SOD 活性平均提高 20.21%，POD 活性和 CAT 活性平均提高 23.80% 和 31.36%，两处理成熟期叶片的 SOD、POD 和 CAT 活性平均提高 31.35%、49.60% 和 114.51%。钙肥处理对旱地花生成熟期的叶片保护酶活性影响更大，有利于延缓植株衰老。不同钙肥用量相比，CaO 用量 28kg/666.7m^2 处理在饱果期的 SOD 活性要显著高于 CaO 用量 14kg/666.7m^2 处理，POD、CAT 活性差异不显著。而 CaO 用量 14kg/666.7m^2 处理在成熟期的 CAT 活性要显著高于 CaO 用量 28kg/666.7m^2 处理，但 SOD、POD 活性以及 MDA 含量差异不显著。

表 12-3 钙肥对旱地花生叶片保护酶活性和 MDA 含量以及净光合速率的影响（张佳蕾等，2016）

生育期	处理	SOD（U/g FW）	POD [ΔA_{470}/（g FW·min）]	CAT [mg/（g FW·min）]	MDA（μmol/g FW）	净光合速率 [μmol/（m^2·s）]
饱果期	T0	95.65±7.23c	35.13±5.67b	4.64±0.54c	9.54±1.01a	21.25±0.64b
	T1	110.32±5.76b	42.53±3.76a	6.21±0.43a	7.97±0.68b	23.67±0.38a
	T2	119.65±6.85a	44.45±2.89a	5.98±0.65a	7.48±0.75b	23.87±0.52a
成熟期	T0	38.76±5.28b	25.21±3.18b	1.62±0.28c	12.87±1.23a	15.34±0.48b
	T1	52.37±3.67a	36.78±4.23a	3.87±0.32a	9.67±0.74b	17.37±0.55a
	T2	49.45±4.15a	38.65±3.87a	3.08±0.53b	10.12±0.69b	17.68±0.42a

注：T0：CaO 0kg/666.7m^2；T1：CaO 14kg/666.7m^2；T2：CaO 28kg/666.7m^2；同列不同小写字母表示差异显著（$P<0.05$）

2. 净光合速率和叶绿素含量

增施钙肥显著提高旱地花生在饱果期和成熟期的叶片净光合速率（表 12-3）、叶绿素 a 含量与叶绿素 a+b 含量（图 12-1）。CaO 用量 14kg/666.7m^2 和 CaO 用量 28kg/666.7m^2 处理在饱果期的净光合速率分别比不施钙肥处理提高了 11.39% 和 12.33%，在成熟期的净光合速率分别比不施钙肥处理提高了 13.23% 和 15.25%。两个施钙处理在饱果期的叶绿素 a+b 含量分别比不施钙肥处理增加了 13.38% 和 12.16%，在成熟期的叶绿素 a+b 含量分别增加了 19.64% 和 21.67%。钙肥处理对成熟期的净光合速率和叶绿素 a+b 含量的提高幅度要高于饱果期，这与钙肥处理对叶片保护酶活性的影响一致。不同钙肥用量相比，CaO 用量 14kg/666.7m^2 和 CaO 用量 28kg/666.7m^2 处理在饱果期与成熟期的净光合速率、叶绿素 a 和叶绿素 a+b 含量差异均较小。

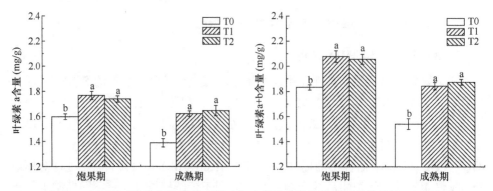

图 12-1　钙肥对旱地花生生育后期叶片叶绿素含量的影响（张佳蕾等，2016）

T0：CaO 0kg/666.7m²；T1：CaO 14kg/666.7m²；T2：CaO 28kg/666.7m²；不同小写字母表示同一时期不同处理差异显著（$P < 0.05$）

3. 叶片 NR 活性和根系活力

增施钙肥处理显著提高了旱地花生饱果期和成熟期叶片 NR 活性与根系活力（图 12-2）。CaO 用量 14kg/666.7m² 和 CaO 用量 28kg/666.7m² 处理在饱果期的 NR 活性分别比不施钙肥处理高 34.77% 和 24.37%，在成熟期的 NR 活性分别比不施钙肥处理高 37.58% 和 41.71%。CaO 用量 14kg/666.7m² 和 CaO 用量 28kg/666.7m² 处理在饱果期的根系活力分别比不施钙肥处理高 23.61% 和 28.11%，在成熟期分别高 19.37% 和 22.65%。不同施钙量相比，CaO 用量 14kg/666.7m² 处理在饱果期的 NR 活性较高于 CaO 用量 28kg/666.7m² 处理，在成熟期略低于后者。CaO 用量 28kg/666.7m² 处理在饱果期和成熟期的根系活力均略高于 CaO 用量 14kg/666.7m² 处理。

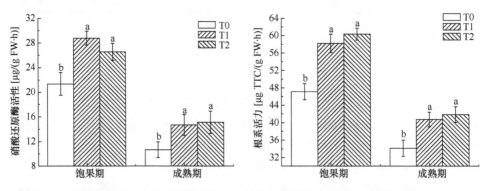

图 12-2　钙肥对旱地花生生育后期叶片 NR 活性和根系活力的影响（张佳蕾等，2016）

T0：CaO 0kg/666.7m²；T1：CaO 14kg/666.7m²；T2：CaO 28kg/666.7m²；不同小写字母表示同一时期不同处理差异显著（$P < 0.05$）

（三）钙肥对旱地花生饱果期叶绿素荧光参数的影响

叶绿素荧光参数可以反映植物叶片光合系统 Ⅱ 对光能的吸收和利用情况。有研究表明，Ca^{2+} 作为叶绿体 PS II 不可缺少的组分，在稳定细胞膜结构和维系 PS II 的中心活性方面均有重要作用（孙宪芝等，2008；Minorsky，1985）。

1. Y（II）和 ETR

Y（II）是实际光照下的量子产量，即某一光照强度下的实际光合效率，ETR 代表光合电子传递速率。不同处理在饱果期的 Y（II）和 ETR 大小均表现为 T1 > T2 > T0，增施钙肥能显著提高旱地花生的光化学效能（图 12-3）。

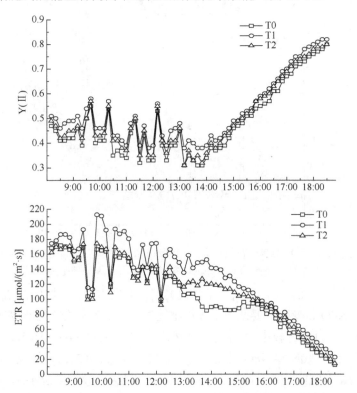

图 12-3　钙肥对旱地花生饱果期 Y（II）和 ETR 的影响（张佳蕾等，2016）
T0：CaO 0kg/666.7m²；T1：CaO 14kg/666.7m²；T2：CaO 28kg/666.7m²

2. qP 和 qL

qP 和 qL 称为光化学猝灭系数，在一定程度上反映了 PS II 反应中心的开放程度。各处理在饱果期的 qP 和 qL 日变化趋势与 Y（II）相同，不同处理的 qP 和 qL 日变化值均表现为施用钙肥处理高于不施钙肥处理，说明增施钙肥能增加 PS II 天线色素吸收的光能用于光化学电子传递的份额，有利于光合速率的增加（图 12-4）。

3. qN 和 NPQ

qN 和 NPQ 为非光化学猝灭系数，反映的是 PS II 天线色素吸收的光能不能用

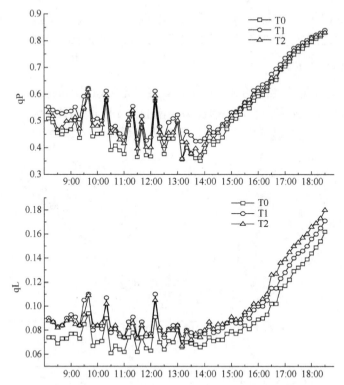

图 12-4　钙肥对旱地花生饱果期 qP 和 qL 的影响（张佳蕾等，2016）

T0：CaO 0kg/666.7m²；T1：CaO 14kg/666.7m²；T2：CaO 28kg/666.7m²

于光合电子传递，而以热的形式耗散掉的光能部分所占份额。增施钙肥处理在饱果期的 qN 和 NPQ 日变化值要低于不施钙肥处理，表现为不施钙肥处理与 CaO 用量 28kg/666.7m² 处理差异较小，而不施钙肥处理与 CaO 用量 14kg/666.7m² 处理差异较显著。不同处理的 qN 和 NPQ 日变化值还表现出在 15:00 之前差异较大，而之后差异变小。增施钙肥能减少旱地花生 PSⅡ 天线色素吸收的光能以热耗散（图 12-5）。

增施钙肥处理使旱地花生叶片 qP 和 qL 显著升高，而 qN 和 NPQ 显著降低，促进了叶绿体对光能的吸收和传递，促进了光合作用的原初反应，加快了光合电子传递。通过非辐射性热耗散释放的 PSⅡ 吸收的能量减少，使用于光合作用的光能增加，光合作用能力增强，从而增加了旱地花生的荚果产量。旱地花生增施钙肥，通过提高叶片净光合速率和延缓植株衰老，从而促进了光合产物积累，显著提高了生物产量和经济产量。

旱地花生增施钙肥，显著提高了生育后期叶片叶绿素含量、净光合速率和 NR、SOD、POD、CAT 活性以及根系活力，显著提高了实际光合效率、光合电子传递速率、qP 和 qL 值，显著降低了叶片 MDA 含量、qN 和 NPQ 值。经试验，旱地花生每 666.7m² 施用 CaO 量 14kg 的处理，增产幅度和经济效益较高。

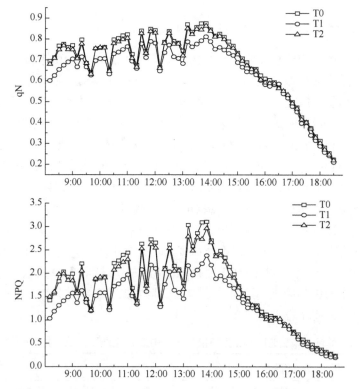

图 12-5 钙肥对旱地花生饱果期 qN 和 NPQ 的影响（张佳蕾等，2016）
T0：CaO 0kg/666.7m²；T1：CaO 14kg/666.7m²；T2：CaO 28kg/666.7m²

二、增施钙肥对酸性土花生代谢酶活性和产量品质的影响

我国酸性土壤面积在不断扩大，20 世纪 80 年代强酸性（pH<5.5）土壤的面积约为 1.69 亿亩，21 世纪初已增加到 2.26 亿亩，化学氮肥的长期过量施用是我国农田土壤加速酸化的主要原因（Guo et al.，2010）。土壤酸化对农作物的影响主要是对根系产生毒害（张福锁，2016），并加速土壤养分的流失，使土壤肥力下降（于天一等，2014；袁金华和徐仁扣，2012）。研究表明，酸性土壤 pH 由 5.4 下降至 4.7 时，油菜籽减产达 40%，花生和芝麻的减产幅度为 15%左右。我国东南沿海花生主要种植于旱砂地，该区域土壤盐基饱和度较低，酸度较大，土壤中钙大量流失，严重影响花生籽粒的发育和产量的形成，甚至导致花生绝产。

为研究增施钙肥对酸性土花生产量、品质的影响，以及相关碳、氮代谢酶活性差异，探讨酸性土花生钙肥最佳用量，分别于 2013 年在威海文登市、于 2014 年在日照三庄镇的丘陵沙壤土上进行试验，设 3 个钙肥处理，分别为每 666.7m² 施 CaO 0kg（T0）、14kg（T1）、28kg（T2）。

（一）酸性土增施钙肥对花生荚果产量的影响

酸性土增施钙肥能显著增加花生的荚果产量（表12-4）。两个试验点增施钙肥处理的单株结果数、双仁果率、单株果重、出仁率和荚果产量均显著高于不施钙肥处理。CaO用量14kg/666.7m² 和CaO用量28kg/666.7m² 处理间除了荚果产量差异显著外，单株结果数、双仁果率和单株果重差异不显著。文登 CaO用量14kg/666.7m² 和 CaO 用量 28kg/666.7m² 处理的花生分别比不施钙肥处理增产25.27%和18.81%，三庄CaO用量14kg/666.7m² 和CaO用量28kg/666.7m² 处理花生分别增产 28.57%和24.49%。钙肥对酸性土花生出仁率的影响较大，文登 CaO用量14kg/666.7m² 和CaO用量28kg/666.7m² 处理的出仁率分别比不施钙肥处理提高 17.22 个百分点和 16.35 个百分点，三庄 CaO 用量 14kg/666.7m² 和 CaO 用量28kg/666.7m² 处理出仁率分别比不施钙肥处理提高12.97 个百分点和11.60 个百分点，两试验点 CaO 用量 14kg/666.7m² 处理的出仁率均高于 CaO 用量28kg/666.7m²处理。酸性土增施钙肥提高产量的原因主要是增加了单株结果数，提高了双仁果率，同时显著提高了籽粒饱满度。

表 12-4　酸性土增施钙肥对花生产量及产量构成因素的影响（张佳蕾等，2015）

地点	处理	单株结果数	双仁果率(%)	单株果重(g)	出仁率(%)	荚果产量(kg/hm²)	增产(%)
文登(2013)	T0	8.30b	53.03b	13.25b	50.23b	3578.36c	
	T1	12.75a	64.08a	18.75a	67.45a	4482.53a	25.27
	T2	12.30a	62.41a	17.60a	66.58a	4251.43b	18.81
三庄(2014)	T0	10.50b	56.58b	14.61b	56.78c	4085.38c	
	T1	14.25a	60.47a	20.94a	69.75a	5252.63a	28.57
	T2	13.50a	61.24a	20.10a	68.38b	5085.88b	24.49

注：T0：CaO 0kg/666.7m²；T1：CaO 14kg/666.7m²；T2：CaO 28kg/666.7m²；同列不同小写字母表示差异显著（$P < 0.05$）

（二）酸性土增施钙肥对花生籽仁品质的影响

酸性土增施钙肥显著增加了花生籽仁蛋白质和脂肪含量，提高了赖氨酸和总氨基酸含量，增加了油酸含量，提高了 O/L（油酸/亚油酸）值（表12-5）。文登 CaO用量14kg/666.7m² 和CaO用量28kg/666.7m² 处理的花生籽仁蛋白质含量分别比不施钙肥处理提高 2.11 个百分点和 1.85 个百分点，脂肪含量分别提高 2.46 个百分点和2.68 个百分点。三庄 CaO 用量 14kg/666.7m² 和 CaO 用量28kg/666.7m² 处理的花生籽仁蛋白质含量分别比不施钙肥处理提高 1.92 个百分点和 1.26 个百分点，脂肪含量分别提高 3.55 个百分点和2.48 个百分点。文登 CaO 用量 14kg/666.7m² 和 CaO 用量28kg/666.7m² 处理的花生蛋白质和脂肪含量差异不显著，而三庄 CaO 用量 14kg/666.7m^2 处理的花生蛋白质和脂肪含量显著高于 CaO 用量 28kg/666.7m^2 处理。文登 CaO 用量 14kg/666.7m^2 处理的花生油酸相对含量显著高于不施钙肥和 CaO 用量 28kg/666.7m^2 处理，亚油酸相对含量显著低于后两者，从而使其 O/L 值显著增高，不施钙肥和 CaO 用量 28kg/666.7m^2 处理差异不显著。三庄 CaO 用量 14kg/666.7m^2 和 CaO 用量 28kg/666.7m^2 处理的花生油酸相对含量均显著高于不施钙肥处理，其亚油酸相对含量显著低于后者，CaO 用量 14kg/666.7m^2 和 CaO 用量 28kg/666.7m^2 处理之间差异不显著。

表 12-5　酸性土增施钙肥对花生籽仁品质的影响（张佳蕾等，2015）

地点	处理	蛋白质 (%)	脂肪 (%)	赖氨酸 (%)	总氨基酸 (%)	油酸 (%)	亚油酸 (%)	油酸/亚油酸
文登 (2013)	T0	21.19b	50.01b	0.84b	19.46b	45.32b	35.22a	1.29b
	T1	23.30a	52.47a	0.86b	20.93a	48.09a	32.62b	1.47a
	T2	23.04a	52.69a	0.91a	21.23a	45.52b	34.28b	1.33b
三庄 (2014)	T0	21.90c	50.29c	0.80b	19.23b	44.97b	35.85a	1.25b
	T1	23.82a	53.84a	0.87a	20.86a	45.82a	34.11b	1.34a
	T2	23.16b	52.77b	0.89a	21.15a	45.88a	33.97b	1.35a

注：T0：CaO 0kg/666.7m^2；T1：CaO 14kg/666.7m^2；T2：CaO 28kg/666.7m^2；同列不同小写字母表示差异显著（$P < 0.05$）

（三）酸性土增施钙肥对花生叶片氮代谢酶活性的影响

高等植物体内绝大部分 NH$_4^+$ 是通过谷氨酰胺合成酶/谷氨酸合酶（GS/GOGAT）循环同化。而谷氨酸脱氢酶（GDH）主要在植物的衰老过程及逆境如高温和水分胁迫等状况下发挥 NH$_4^+$ 同化功能。施用钙肥可提高花生不同生育时期叶片中 NR、GS 和 GOGAT 等活性，促进植株对氮素的吸收，增加籽仁中蛋白质含量（王媛媛等，2014）。

1. GS 和 GOGAT 活性

GS 和 GOGAT 是处于氮代谢中心的多功能酶，参与多种氮代谢的调节。增施钙肥处理与不施钙肥处理的花生叶片，GS 和 GOGAT 活性变化趋势基本一致，开花之后其活性先增高后降低（图 12-6）。酸性土增施钙肥显著提高了花生叶片的 GS 和 GOGAT 活性，GS 活性的提高幅度在生育前期较大，到成熟期其活性略低于不施钙肥处理。将各处理数据拟合成二次方程，曲线拟合效果较好。方程特征系数表明，增施钙肥处理 GS 活性达到峰值时间约在开花后 45d，而不施钙肥处理达到峰值时间大约在开花后 56d。增施钙肥处理 GOGAT 活性达到峰值时间约在开花后 43d，而不施钙肥处理达到峰值时间约在开花后 46d。增施钙肥使 GS 活性达到峰值时间相比不施钙肥处理提早 10d 左右，使 GOGAT 活性峰值出现时间提早 3d

左右，有利于氮素积累。两个增施钙肥处理相比，CaO 用量 14kg/666.7m² 处理的 GS 活性明显高于 CaO 用量 28kg/666.7m² 处理，而两者的 GOGAT 活性差异较小。

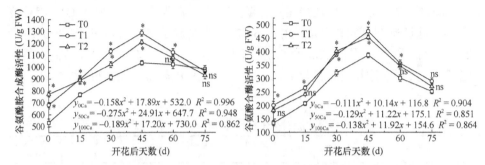

图 12-6　酸性土增施钙肥对花生叶片 GS 和 GOGAT 活性的影响（张佳蕾等，2015）

T0：CaO 0kg/666.7m²；T1：CaO 14kg/666.7m²；T2：CaO 28kg/666.7m²；与 T0 相比，*表示差异显著，ns 表示差异不显著

2. GOT 和 GPT 活性

谷草转氨酶（GOT）和谷丙转氨酶（GPT）是植物体内最重要的转氨酶。花生各处理 GOT 活性变化趋势表现为先降低后升高，而 GPT 活性表现为先升高后降低（图 12-7）。花生增施钙肥处理的 GOT 和 GPT 活性显著高于不施钙肥处理。增施钙肥与不施钙肥处理的 GOT 活性在开花 30d 之前和开花 45d 之后差异较大，而增施钙肥处理的 GPT 活性在开花 60d 之前较高，开花后 75d 时低于不施钙肥处理。GPT 活性方程特征系数表明，不施钙肥处理的 GPT 活性达到峰值时间约在开花后 58d，CaO 用量 14kg/666.7m² 与 CaO 用量 28kg/666.7m² 处理达到峰值时间约在开花后 50d 和 41d，增施钙肥处理明显早于不施钙肥处理。CaO 用量 14kg/666.7m² 与 CaO 用量 28kg/666.7m² 处理的 GOT 活性差异较小，而 GPT 活性差异较大，CaO 用量 28kg/666.7m² 处理开花 45d 之前显著高于 CaO 用量 14kg/666.7m² 处理，开花 60d 之后低于后者。

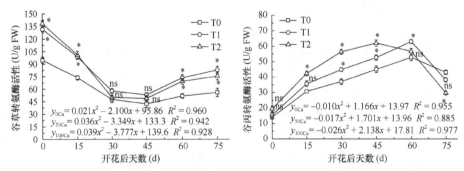

图 12-7　酸性土增施钙肥对花生叶片 GOT 和 GPT 活性的影响（张佳蕾等，2015）

T0：CaO 0kg/666.7m²；T1：CaO 14kg/666.7m²；T2：CaO 28kg/666.7m²；与 T0 相比，*表示差异显著，ns 表示差异不显著

3. GDH 活性

GDH 对 GS/GOGAT 循环起辅助作用。酸性土花生叶片 GDH 活性与 GS/GOGAT 变化趋势相反，开花后先降低后增高（图 12-8）。不施钙肥处理的各时期 GDH 活性均显著高于施钙处理，不施钙肥处理在开花后 45d 时 GDH 活性分别比 CaO 用量 14kg/666.7m² 和 CaO 用量 28kg/666.7m² 处理高 34.66% 和 54.40%。CaO 用量 14kg/666.7m² 与 CaO 用量 28kg/666.7m² 处理的 GDH 活性差异较小。生育后期各处理 GDH 活性增大的原因是花生开始衰老，GS/GOGAT 同化作用变小，植株主要依靠 GDH 途径进行氮素同化。

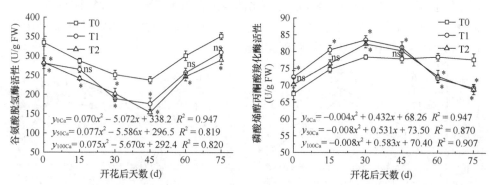

图 12-8　酸性土增施钙肥对花生叶片 GDH 和 PEPCase 活性的影响（张佳蕾等，2015）

T0：CaO 0kg/666.7m²；T1：CaO 14kg/666.7m²；T2：CaO 28kg/666.7m²；与 T0 相比，*表示差异显著，ns 表示差异不显著

（四）酸性土增施钙肥对花生叶片碳代谢酶活性的影响

1. PEPCase 活性

PEP 羧化酶是植物体内碳同化的关键酶。酸性土花生不施钙肥与增施钙肥处理的 PEPCase 活性变化趋势不同，前者变化比较平稳，从花生开花后活性逐渐增强，生育后期也保持较高活性（图 12-8）。增施钙肥处理变化趋势呈抛物线形，在开花后 30d 达到最大后开始降低。增施钙肥处理的 PEPCase 活性在开花 45d 之前，明显高于不施钙肥处理，之后活性降低较快，到开花 60d 之后显著低于不施钙肥处理。增施钙肥的两个处理相比，CaO 用量 14kg/666.7m² 处理在开花 30d 之前 PEPCase 活性显著高于 CaO 用量 28kg/666.7m² 处理，开花 45d 之后差异较小。方程特征系数表明，CaO 用量 14kg/666.7m² 处理 PEPCase 活性达到峰值时间约在开花后 33d，略早于 CaO 用量 28kg/666.7m² 处理。

2. SS 和 SPS 活性

SPS 催化的蔗糖合成途径是叶片蔗糖合成的主要途径，研究认为光合器官中

SS 也具有较强的催化蔗糖合成的能力。酸性土花生叶片的 SS 和 SPS 活性变化趋势基本相同，随生育期推进表现为先增高后降低（图 12-9）。增施钙肥处理的 SS 和 SPS 在生育前期的活性显著高于不施钙肥处理，CaO 用量 14kg/666.7m² 处理的 SS 和 SPS 活性要高于 CaO 用量 28kg/666.7m² 处理。CaO 用量 14kg/666.7m² 和 CaO 用量 28kg/666.7m² 处理的 SS 活性在开花 45d 之前显著高于不施钙肥处理，之后活性下降较快，开花 60d 之后低于不施钙肥处理。与 SS 表现基本一致，CaO 用量 14kg/666.7m² 和 CaO 用量 28kg/666.7m² 处理的 SPS 活性在生育前期较高，开花后 30d 至开花后 45d（荚果膨大充实期）差异显著，开花后 75d 时其活性显著低于不施钙肥处理。SS 和 SPS 活性变化曲线拟合效果良好，方程特征系数表明，酸性土增施钙肥花生叶片的 SS 和 SPS 活性达到峰值的时间明显早于不施钙肥处理（SS 平均提早 10d，SPS 平均提早 12d）。

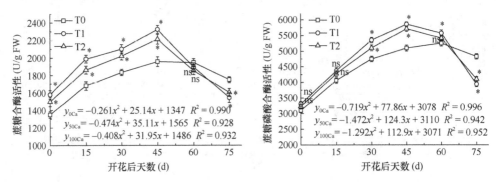

图 12-9　酸性土增施钙肥对花生叶片 SS 和 SPS 活性的影响（张佳蕾等，2015）

T0：CaO 0kg/666.7m²；T1：CaO 14kg/666.7m²；T2：CaO 28kg/666.7m²；与 T0 相比，*表示差异显著，ns 表示差异不显著

　　酸性土增施钙肥能显著增加花生的单株结果数，提高双仁果率，增加荚果产量并显著提高出仁率。增施钙肥增产的同时能显著改善酸性土花生的籽仁品质，提高蛋白质和脂肪含量，增加赖氨酸和油酸含量，提高 O/L 值。酸性土增施钙肥能显著提高花生叶片 GS、GOGAT、GPT 等氮代谢关键酶活性和 PEPCase、SS、SPS 等碳代谢关键酶活性，延长了酶活性峰值持续期，促进了光合产物向蛋白质和脂肪转化，同时提高了籽仁的饱满度，这是增施钙肥能提高蛋白质和脂肪含量的主要原因。不同钙肥施用量相比，14kg/666.7m² CaO 成本较低，增产幅度最大，对品质改善效果最好。

三、不同肥料配施对钙素活化的影响

　　土壤钙素营养方面的研究表明，单纯提高钙肥的施用量，虽然土壤中钙含量显著提高，但水溶性钙和交换性钙的淋溶率较高（刘晶晶等，2005），应综合分析影响钙素营养的各种因素，选择适宜的钙肥种类、施钙方式和时期（张大庚等，2012；陈建国等，2008）。沿海地区酸性土壤表层钙素淋溶率较大，改良酸性土壤的常用方法是施用石灰等碱性物质直接中和土壤酸度，该方法是改良酸性土壤的传统和有效方法，但也存在一些问题。长期、大量施用石灰会导致土壤板结和养分不平衡，因为石灰仅提供养分钙，而大量的钙会导致土壤镁、钾缺乏以及磷有效性下降。同时石灰在土壤中的移动性差，仅能中和20cm以上表层土壤的酸度，对20cm以下的表下层和底层土壤基本无效。而植物根系可深达40～60cm的土层，表下层土壤酸度的改良与表层土壤同等重要。土壤酸化伴随着土壤肥力退化，土壤酸度改良必须与土壤肥力提升同步进行。将石灰等无机改良剂与有机肥、秸秆或秸秆生物质炭按一定的比例配合施用，不仅可以中和土壤酸度，还能提高土壤肥力，保持土壤养分平衡。有研究表明，混施有机肥与微生物肥可以不同程度地增加土壤中速效 N、有效 P 和有效 K 的含量，显著提高作物产量和品质，但微生物肥对土壤钙素影响的研究较少。因此通过研究不同肥料配施对土壤钙素活化的影响，从而提高有效钙含量和荚果产量及品质，对肥料减施和花生增产具有重要指导意义。

2015～2016 年，在威海文登市西楼社区同一酸性土田块进行试验。耕层土壤为沙壤土，含有机质 11.32g/kg，水解性氮 72.5mg/kg，有效磷 63.1mg/kg，速效钾 113.5mg/kg，交换性钙 0.18g/kg，交换性镁 0.08g/kg，pH4.42。设置 6 个肥料配施处理（表 12-6），试验品种为花育 22 号，2/3 无机肥、有机肥和熟石灰结合冬前旋耕施入，1/3 无机肥和微生物肥结合播前旋耕施入。

表 12-6　不同处理每 666.7m² 肥料配施及用量（kg）

处理	无机肥（N：P_2O_5：K_2O 为 15：15：15）	有机肥（有机质≥45%，N+P_2O_5+K_2O≥6%）	微生物肥（有效活菌数≥1 亿个/g）	熟石灰
CK_1	50			
T_1	50			50
CK_2	50	100		
T_2	50	100		50
CK_3	50	100	10	
T_3	50	100	10	50

（一）不同肥料配施对酸性土壤钙素活化的影响

1. 水溶性钙含量

土壤中对植物有效的钙素包括水溶性钙和交换性钙，其与作物生长相关性较好。不同肥料配施的 0～20cm、20～40cm 土层的水溶性钙含量变化规律基本一致。

与单施无机肥相比，无机肥/有机肥配施和无机肥/有机肥/微生物肥配施均提高了
水溶性钙含量（图12-10）。其中无机肥/有机肥配施处理比单施无机肥处理整个花
生生育期0～20cm的水溶性钙含量提高48.13%，20～40cm提高21.78%；无机肥/
有机肥/微生物肥配施比单施无机肥处理 0～20cm 提高 66.50%，20～40cm 提高
61.41%。与不施钙肥处理相比，增施钙肥处理均显著提高了 0～20cm、20～40cm
土层中水溶性钙含量。其中无机肥/熟石灰配施比单施无机肥处理整个花生生育期
0～20cm 的水溶性钙含量提高 1.21 倍，20～40cm 提高 1.16 倍。无机肥/有机肥/
熟石灰配施比无机肥/有机肥配施处理 0～20cm 提高 1.42 倍，20～40cm 提高 2.03
倍。无机肥/有机肥/微生物肥/熟石灰配施比无机肥/有机肥/微生物肥配施处理 0～
20cm 提高 1.63 倍，20～40cm 提高 1.85 倍。3 个增施钙肥处理相比，无机肥/有机
肥/微生物肥/熟石灰配施处理的水溶性钙含量最高，其次是无机肥/有机肥/熟石灰
配施处理，两者水溶性钙含量均显著高于无机肥/熟石灰配施处理。

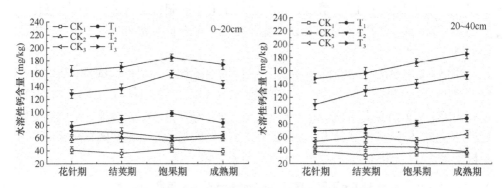

图 12-10　不同肥料配施对酸性土壤水溶性钙含量的影响（张佳蕾等，2018a）

CK$_1$：无机肥；T$_1$：无机肥/熟石灰；CK$_2$：无机肥/有机肥；T$_2$：无机肥/有机肥/熟石灰；CK$_3$：无机肥/有机肥/微
生物肥；T$_3$：无机肥/有机肥/微生物肥/熟石灰

2. 交换性钙含量

酸性土中交换性钙含量高于水溶性钙含量，不同肥料配施处理的 0～20cm、
20～40cm 土层的交换性钙含量变化规律也基本一致（图 12-11）。与单施无机肥相
比，无机肥/有机肥配施和无机肥/有机肥/微生物肥配施均提高了交换性钙含量。
其中无机肥/有机肥配施比单施无机肥处理 0～20cm 的交换性钙含量平均提高
39.12%，20～40cm 提高 37.18%。无机肥/有机肥/微生物肥配施在花生生育期平均
比单施无机肥处理 0～20cm 提高 60.88%，20～40cm 提高 62.45%。与不施钙肥处
理相比，增施钙肥处理均显著提高了 0～20cm 和 20～40cm 土层中交换性钙含量。
其中无机肥/熟石灰配施比单施无机肥处理 0～20cm 的交换性钙含量平均提高
1.20 倍，20～40cm 提高 1.25 倍。无机肥/有机肥/熟石灰配施比无机肥/有机肥配施

处理 0～20cm 提高 1.53 倍，20～40cm 提高 1.71 倍。无机肥/有机肥/微生物肥/熟石灰配施比无机肥/有机肥/微生物肥配施处理 0～20cm 提高 1.74 倍，20～40cm 提高 1.87 倍。与对水溶性钙含量影响一致，3 个增施钙肥处理以无机肥/有机肥/微生物肥/熟石灰配施的交换性钙含量最高，其次是无机肥/有机肥/熟石灰配施处理，两者交换性钙含量均显著高于无机肥/熟石灰配施处理。

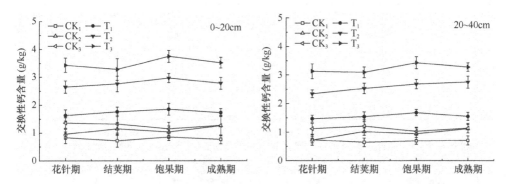

图 12-11　不同肥料配施对酸性土壤交换性钙含量的影响（张佳蕾等，2018a）

CK$_1$：无机肥；T$_1$：无机肥/熟石灰；CK$_2$：无机肥/有机肥；T$_2$：无机肥/有机肥/熟石灰；CK$_3$：无机肥/有机肥/微生物肥；T$_3$：无机肥/有机肥/微生物肥/熟石灰

不同肥料配施对酸性土水溶性钙和交换性钙含量的影响表明，增施有机肥和微生物肥（CK$_2$、CK$_3$）可在一定程度上增加酸性土壤中有效钙含量，但增加幅度较小，而无机肥和熟石灰配施（T$_1$）对有效钙活化的效果不理想。经试验，无机肥/有机肥/熟石灰配施（T$_2$）和无机肥/有机肥/微生物肥/熟石灰配施（T$_3$）能显著提高水溶性钙和交换性钙含量，尤其是 T$_3$ 处理对钙素活化作用最强。

（二）不同肥料配施对酸性土花生植株性状的影响

不同肥料配施与单施无机肥相比均显著提高了酸性土花生的主茎高、侧枝长、分枝数、主茎节数、主茎绿叶数（表 12-7）和叶面积指数、单株干物质重（图 12-12）。无机肥/熟石灰配施比单施无机肥处理成熟期的主茎高提高 8.62%，分枝数提高 6.94%，主茎绿叶数提高 23.08%，根茎干重提高 17.46%，叶干重提高 25.66%，各生育期平均叶面积指数提高 9.50%。无机肥/有机肥/熟石灰配施比无机肥/有机肥配施成熟期的主茎高提高 9.61%，分枝数提高 7.86%，主茎绿叶数提高 28.20%，根茎干重提高 23.07%，叶干重提高 23.88%，各生育期平均叶面积指数提高 15.59%。无机肥/有机肥/微生物肥/熟石灰配施比无机肥/有机肥/微生物肥配施成熟期的主茎高提高 5.60%，分枝数提高 4.97%，主茎绿叶数提高 21.82%，根茎干重提高 17.39%，叶干重提高 17.82%，各生育期平均叶面积指数提高 14.46%。无机肥/有机肥/熟石灰配施比单施无机肥成熟期的干物质重提高 54.01%，各生育期平均叶面积指数提高 31.49%。无机肥/有机肥/微生物肥/熟石灰配施比单施无机肥成熟期的干物质重提高 57.64%，各生育期平均叶面积指数提高 36.53%。无机肥与有机肥和微生物肥配施及增施钙肥，均具有塑造高产株型的作用。

表 12-7　不同肥料配施对酸性土花生成熟期植株性状影响（张佳蕾等，2018a）

处理	主茎高（cm）	侧枝长（cm）	分枝数	主茎节数	主茎绿叶数	根茎干重（g）	叶干重（g）
CK$_1$	36.53d	39.45c	9.65c	15.24d	6.50d	14.83d	11.30d
T$_1$	39.68c	42.38b	10.32b	17.35c	8.00c	17.42c	14.20c
CK$_2$	39.43c	43.03b	10.43b	18.37b	8.83bc	18.64bc	15.62bc
T$_2$	43.22ab	49.12a	11.25a	18.64b	11.32a	22.94a	19.35a
CK$_3$	42.17b	44.63b	10.67b	19.35ab	9.58b	19.49b	16.78b
T$_3$	44.53a	48.35a	11.20a	20.46a	11.67a	22.88a	19.77a

注：CK$_1$：无机肥；T$_1$：无机肥/熟石灰；CK$_2$：无机肥/有机肥；T$_2$：无机肥/有机肥/熟石灰；CK$_3$：无机肥/有机肥/微生物肥；T$_3$：无机肥/有机肥/微生物肥/熟石灰；同列不同小写字母表示差异显著（$P < 0.05$）

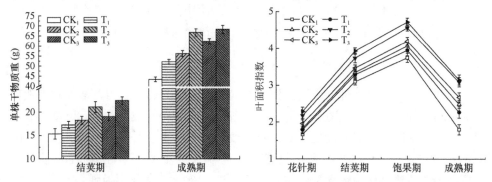

图 12-12　不同肥料配施对酸性土花生单株干物质重和叶面积指数的影响（张佳蕾等，2018a）

CK$_1$：无机肥；T$_1$：无机肥/熟石灰；CK$_2$：无机肥/有机肥；T$_2$：无机肥/有机肥/熟石灰；CK$_3$：无机肥/有机肥/微生物肥；T$_3$：无机肥/有机肥/微生物肥/熟石灰

（三）不同肥料配施对酸性土花生产量及产量构成因素的影响

不同肥料配施均提高了酸性土花生的单株结果数、饱果数、果重以及荚果产量和出仁率，增施钙肥处理比不施钙肥处理的实收株数也有所增加（表 12-8）。无机肥/熟石灰配施比单施无机肥花生单株结果数增加 16.42%，单株果重增加 19.29%，实收株数增加 1.42%，荚果产量增加 21.39%。无机肥/有机肥/熟石灰配施比无机肥/有机肥配施花生单株结果数增加 6.39%，单株果重增加 11.54%，实收株数增加 1.82%，荚果产量增加 12.69%。无机肥/有机肥/微生物肥/熟石灰配施比无机肥/有机肥/微生物肥配施花生单株结果数增加 5.47%，单株果重增加 13.43%，实收株数增加 1.41%，荚果产量增加 14.38%。配施效果最好的是无机肥/有机肥/微生物肥/熟石灰（T$_3$）处理，比单施无机肥增产达到 52.52%，出仁率也提高 4.43

个百分点，籽仁产量达到 4074.18kg/hm²。不同肥料配施增产的主要原因是增加了单株结果数，提高了荚果饱满度。

表 12-8　不同肥料配施对酸性土花生产量及其构成因素影响（张佳蕾等，2018a）

处理	荚果产量 （kg/hm²）	增产（%）	实收株数 （万株/hm²）	单株结果数 （个）	单株饱果数 （个）	单株果重 （g）	出仁率 （%）
CK₁	3828.10e		22.53b	9.62d	4.57d	17.21e	65.35d
T₁	4646.85d	21.39	22.85a	11.20c	6.63bc	20.53d	67.86c
CK₂	4935.20c		22.55b	11.58bc	6.11c	21.93c	67.48c
T₂	5561.25b	12.69	22.96a	12.32a	8.23a	24.46b	68.75b
CK₃	5104.65c		22.72ab	11.88ab	6.86b	22.63c	68.03bc
T₃	5838.60a	14.38	23.04a	12.53a	8.75a	25.67a	69.78a

注：CK₁：无机肥；T₁：无机肥/熟石灰；CK₂：无机肥/有机肥；T₂：无机肥/有机肥/熟石灰；CK₃：无机肥/有机肥/微生物肥；T₃：无机肥/有机肥/微生物肥/熟石灰；同列不同小写字母表示差异显著（$P < 0.05$）

（四）不同肥料配施对酸性土花生籽仁品质的影响

不同肥料配施均提高了酸性土花生籽仁蛋白质、赖氨酸和总氨基酸含量，脂肪含量、油酸相对含量和 O/L 值也相应提高（表 12-9）。无机肥/熟石灰配施比单施无机肥的蛋白质含量提高 1.07 个百分点，脂肪含量提高 0.83 个百分点，O/L 值提高 10.94%。无机肥/有机肥/熟石灰配施比无机肥/有机肥配施的花生蛋白质含量提高 1.08 个百分点，脂肪含量提高 0.98 个百分点，O/L 值提高 9.77%。无机肥/有机肥/微生物肥/熟石灰配施比无机肥/有机肥/微生物肥配施的花生蛋白质含量提高 0.93 个百分点，脂肪含量提高 0.78 个百分点，O/L 值提高 8.09%。无机肥/有机肥/微生物肥/熟石灰配施比单施无机肥的花生蛋白质、脂肪、赖氨酸和总氨基酸含量分别提高 1.60 个百分点、1.94 个百分点、0.12 个百分点和 1.61 个百分点，O/L 值提高 14.84%。

表 12-9　不同肥料配施对酸性土花生籽仁品质的影响（张佳蕾等，2018a）

处理	蛋白质（%）	脂肪（%）	赖氨酸（%）	总氨基酸（%）	油酸（%）	亚油酸（%）	油酸/亚油酸
CK₁	21.82c	49.62d	0.76c	18.26e	45.22d	35.34a	1.28d
T₁	22.89ab	50.45bc	0.83b	19.13bc	47.41b	33.42c	1.42b
CK₂	22.13bc	50.24c	0.81bc	18.62de	45.92cd	34.48b	1.33c
T₂	23.21a	51.22ab	0.86ab	19.46ab	47.92ab	32.81d	1.46a
CK₃	22.45b	50.78b	0.82b	18.93cd	46.58c	34.24b	1.36c
T₃	23.42a	51.56a	0.88a	19.87a	48.24a	32.76d	1.47a

注：CK₁：无机肥；T₁：无机肥/熟石灰；CK₂：无机肥/有机肥；T₂：无机肥/有机肥/熟石灰；CK₃：无机肥/有机肥/微生物肥；T₃：无机肥/有机肥/微生物肥/熟石灰；同列不同小写字母表示差异显著（$P < 0.05$）

研究结果表明：一是无机肥/有机肥配施和无机肥/有机肥/微生物肥配施，均能提高酸性土壤中水溶性钙和交换性钙含量。二是无机肥/熟石灰、无机肥/有机肥/熟石灰、无机肥/有机肥/微生物肥/熟石灰配施，均显著提高了酸性土中水溶性钙和交换性钙含量，但无机肥/熟石灰配施效果较差，而无机肥/有机肥/熟石灰、无机肥/有机肥/微生物肥/熟石灰配施活化钙素的效率较高，能大幅提高酸性土中有效钙含量。三是不同肥料配施均能提高酸性土花生的荚果产量，增产原因是增加了单株结果数，提高了荚果饱满度，并对成苗率和实收株数提高有作用。对酸性土花生荚果产量提高幅度最大的是无机肥/有机肥/微生物肥/熟石灰配施处理。四是不同肥料配施均能提高酸性土花生的籽仁蛋白质、总氨基酸、脂肪含量和 O/L 值，品质改善的原因是增加了光合产物向荚果分配，提高了籽仁饱满度。对酸性土花生籽仁品质改善效果最好的是无机肥/有机肥/微生物肥/熟石灰配施处理。

第二节 "三防三促"技术

一、提早化控对花生生理特性和产量的影响

挖掘作物产量潜力，探索作物高产新途径，实现产量新突破一直是作物科学的艰巨任务。随着作物化学调控技术的发展，利用化控技术塑造作物丰产株型和理想群体结构正在成为实现农作物优质高产追求的目标。花生在高肥水、高密度条件下，生育中期易发生植株旺长，生育后期易倒伏、叶片早衰，影响荚果充实度。生产上主要通过喷施植物生长抑制剂来控制株高、延缓衰老，具有明显的增产作用。目前生产上一般在花生主茎高 35～40cm 时进行化控，化控时间偏晚，不利于光合产物合理分配。团队前期研究表明，多效唑处理能显著提高不同品质类型花生的荚果产量（张佳蕾，2013，2015），并且高产条件下花生存在地上部冗余现象，荚果产量在一定范围内与地上部株高成反比。研究多效唑不同喷施时间对花生产量和品质的影响，阐明提早化控对花生个体发育和群体结构进行优化的生理基础，对弥补花生化控理论研究不足具有重要意义，可为花生高产优质生产提供技术指导。

试验设 4 个处理，分别为 CK、PBZ-1（主茎高约 25cm 时化控）、PBZ-2（主茎高约 30cm 时化控）、PBZ-3（主茎高约 35cm 时化控）。PBZ 处理每公顷用 15% 多效唑可湿性粉剂 500g 兑水 750kg（100mg/kg）进行均匀叶面喷施，CK 处理用清水代替。

（一）提早化控对花生生理特性的影响

1. 叶绿素含量

不同时期 PBZ 处理均提高了花育 20 号和花育 25 号在结荚期与饱果期的叶片

叶绿素 a、叶绿素 b 含量（表 12-10）。两品种在结荚期的叶绿素含量均表现为 PBZ-1 > PBZ-2 > PBZ-3，PBZ 处理时间越早对结荚期叶绿素含量提高幅度越大。不同时期 PBZ 处理对两个品种在饱果期叶绿素含量的提高幅度表现不同，花育 20 号表现为 PBZ-2 > PBZ-3 > PBZ-1，PBZ-1 与 CK 的叶绿素 a 和叶绿素 b 含量差异不显著，花育 25 号表现为 PBZ-1 > PBZ-2 > PBZ-3。PBZ-1 对花育 25 号叶绿素含量的提高幅度最大，而 PBZ 处理时间过早对花育 20 号在生育后期叶绿素含量有不利影响。

表 12-10　不同处理花生叶片叶绿素含量的差异（张佳蕾等，2018b）

品种	处理	结荚期			饱果期		
		Chl a (mg/g)	Chl b (mg/g)	Chl a+b (mg/g)	Chl a (mg/g)	Chl b (mg/g)	Chl a+b (mg/g)
花育 20 号	CK	1.27c	0.28b	1.54c	0.81c	0.18c	0.99c
	PBZ-1	1.60a	0.35a	1.95a	0.84c	0.19c	1.03c
	PBZ-2	1.45b	0.31b	1.76b	1.49a	0.31a	1.80a
	PBZ-3	1.36bc	0.29b	1.65bc	1.25b	0.26b	1.51b
花育 25 号	CK	1.39d	0.28c	1.67d	1.01c	0.21b	1.22c
	PBZ-1	1.89a	0.44a	2.33a	1.51a	0.33a	1.84a
	PBZ-2	1.74b	0.38b	2.12b	1.49a	0.32a	1.82a
	PBZ-3	1.54c	0.32c	1.87c	1.41b	0.31a	1.72b

注：CK：清水对照；PBZ-1：主茎高约 25cm 时化控；PBZ-2：主茎高约 30cm 时化控；PBZ-3：主茎高约 35cm 时化控；同列不同小写字母表示差异显著（$P < 0.05$）

2. 根系活力

不同时期喷施 PBZ 均提高了花育 20 号和花育 25 号在结荚期以及花育 25 号在饱果期的根系活力，其中 PBZ-1 提高幅度最大，其次为 PBZ-2（图 12-13）。花育 20 号的 PBZ-1 处理结荚期根系活力比 CK 提高 24.6%，PBZ-2 处理比 CK 提高 18.3%，均与 CK 差异显著。花育 25 号的 PBZ-1 处理结荚期根系活力比 CK 提高 29.9%，PBZ-2 处理比 CK 提高 21.6%，PBZ-3 处理也与 CK 差异显著。花育 20 号在饱果期根系活力以 PBZ-2 处理最高，比 CK 提高 25.1%，其次是 PBZ-3，均与 CK 差异显著，而 PBZ-1 处理根系活力要略低于 CK。花育 25 号的 PBZ-1 处理饱果期根系活力比 CK 高 24.6%，PBZ-2 处理的饱果期根系活力也显著高于 CK。不同时期 PBZ 处理对两品种根系活力的影响差异与对叶绿素含量的影响表现基本一致。

3. 叶片保护酶活性和 MDA 含量

不同时期 PBZ 处理均提高了花育 20 号和花育 25 号在结荚期与饱果期（除花育 20 号的 PBZ-1 处理饱果期外）的叶片 SOD、POD 和 CAT 活性，降低了其 MDA 含量。花育 20 号在结荚期的 SOD、POD 和 CAT 活性表现为 PBZ-1 > PBZ-2 > PBZ-3 >

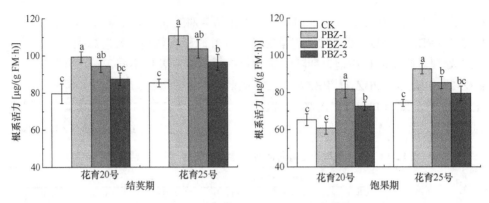

图 12-13　不同处理花生根系活力的差异（张佳蕾等，2018b）

CK：清水对照；PBZ-1：主茎高约 25cm 时化控；PBZ-2：主茎高约 30cm 时化控；PBZ-3：主茎高约 35cm 时化控；
不同小写字母表示同一品种不同处理差异显著（$P<0.05$）

CK，PBZ-1 的 MDA 含量最低，而在饱果期的保护酶活性表现为 PBZ-2>PBZ-3>CK>PBZ-1。花育 25 号在两个生育期 PBZ-1 和 PBZ-2 处理的 SOD、POD 和 CAT 活性及 MDA 含量均与 CK 差异显著，并且以 PBZ-1 的影响最大，PBZ-3 的影响相对较小。PBZ 处理时间过早降低了花育 20 号在生育后期的叶片保护酶活性，加速了植株衰老，而在一定范围内 PBZ 处理时间越早花育 25 号的保护酶活性越高，大粒花生花育 25 号对较早化控的耐受性较好（表 12-11）。

表 12-11　不同处理叶片 SOD、POD、CAT 活性和 MDA 含量的差异（张佳蕾等，2018b）

品种	处理	结荚期				饱果期			
		SOD (U/g FW)	POD [ΔA_{470}/ (g FW·min)]	CAT [mg/(g FW·min)]	MDA (μmol/g FW)	SOD (U/g FW)	POD [ΔA_{470}/ (g FW·min)]	CAT [mg/(g FW·min)]	MDA (μmol/g FW)
花育 20 号	CK	83.27c	33.34c	3.87b	11.29a	57.23c	27.45bc	2.68bc	18.45a
	PBZ-1	92.46a	42.76a	4.45a	8.81b	55.34c	25.42c	2.63c	18.93a
	PBZ-2	91.65ab	39.72ab	4.32a	9.23b	71.65a	33.23a	2.81a	15.55c
	PBZ-3	87.79b	35.65bc	3.99b	10.76a	65.11b	29.67b	2.74ab	17.12b
花育 25 号	CK	97.23c	42.67c	4.78c	8.97a	63.67c	32.76c	3.21c	15.78a
	PBZ-1	118.27a	59.78a	6.12a	7.34c	92.78a	45.87a	3.98a	11.75c
	PBZ-2	113.19ab	57.82a	5.87a	7.86bc	87.53a	39.76b	3.65b	13.59b
	PBZ-3	106.54b	50.65b	5.06b	8.23ab	77.65b	35.87bc	3.57b	14.25b

注：CK：清水对照；PBZ-1：主茎高约 25cm 时化控；PBZ-2：主茎高约 30cm 时化控；PBZ-3：主茎高约 35cm 时化控；同列不同小写字母表示差异显著（$P<0.05$）

4. 叶片氮代谢酶活性

不同时期喷施 PBZ 均降低了花育 20 号和花育 25 号在结荚期与饱果期的叶片氮代谢酶 NR、GS、GDH 和 GOGAT 活性。除花育 20 号在结荚期的 GS 和 GDH 外，两品种的氮代谢酶活性均以 PBZ-1 降低幅度最大，PBZ-3 降低幅度最小，表现为化控时间越早，氮代谢酶活性越低。其中 PBZ-1 和 PBZ-2 处理的氮代谢酶活性与 CK 差异显著。花育 20 号的 PBZ-1 处理 NR、GS 和 GOGAT 活性在结荚期分别比 CK 降低 21.2%、18.9%和 19.6%，在饱果期分别比 CK 降低 33.5%、20.2%和 22.3%。花育 25 号的 PBZ-1 处理 NR、GS 和 GOGAT 活性在结荚期分别比 CK 降低 16.5%、14.6%和 18.3%，在饱果期分别比 CK 降低 19.8%、15.1%和 16.9%。所以，花育 20 号的 PBZ-1 处理对饱果期氮代谢酶活性的降低幅度要大于结荚期，而花育 25 号的 PBZ-1 处理对两个生育期氮代谢酶活性的降低幅度差异不大（表 12-12）。

表 12-12　不同处理叶片氮代谢酶活性的差异（张佳蕾等，2018b）

| 品种 | 处理 | 结荚期 | | | | 饱果期 | | | |
		NR [μg/（g FW·h）]	GS (U/mg FW)	GDH (U/g FW)	GOGAT (U/g FW)	NR [μg/（g FW·h）]	GS (U/mg FW)	GDH (U/g FW)	GOGAT (U/g FW)
花育 20 号	CK	28.10a	64.56a	370a	357a	20.59a	51.69a	395a	269a
	PBZ-1	22.13b	52.34c	319c	287c	13.70c	41.25c	310c	209c
	PBZ-2	23.34b	51.31c	310c	301c	15.31c	42.64bc	336b	213c
	PBZ-3	27.22a	56.78c	332b	327b	17.96b	44.58b	346b	238b
花育 25 号	CK	36.23a	58.87a	329a	338a	34.91a	54.25a	378a	296a
	PBZ-1	30.24c	50.29c	279c	276d	27.99c	46.07c	285c	246c
	PBZ-2	31.17bc	54.78c	292c	298c	29.61c	49.23c	310b	257bc
	PBZ-3	32.15b	53.45c	302b	317b	30.65b	50.04b	327b	262b

注：CK：清水对照；PBZ-1：主茎高约 25cm 时化控；PBZ-2：主茎高约 30cm 时化控；PBZ-3：主茎高约 35cm 时化控；同列不同小写字母表示差异显著（$P < 0.05$）

5. 叶片碳代谢酶活性

与对氮代谢酶活性的影响相反，不同时期喷施 PBZ 均提高了花育 20 号和花育 25 号在结荚期与饱果期（除花育 20 号的 PBZ-1 处理饱果期之外）叶片碳代谢酶 SS、SPS 和 PEPCase 活性。两品种在结荚期以及花育 25 号在饱果期的 SS、SPS 和 PEPCase 活性大小表现为 PBZ-1>PBZ-2>PBZ-3，均显著高于 CK。花育 20 号的 PBZ-1 处理结荚期 SS、SPS 和 PEPCase 活性分别比 CK 提高 23.2%、57.0%和 16.1%。花育 25 号的 PBZ-1 处理结荚期 SS、SPS 和 PEPCase 活性分别比 CK 提高 19.2%、95.1%和 25.4%。花育 20 号各处理在饱果期的碳代谢酶活性表现为 PBZ-2>PBZ-3>PBZ-1，PBZ-2 处理的 SS、SPS 和 PEPCase 活性分别比 CK 提高 19.0%、61.9%和 30.8%，PBZ-1 与 CK 的酶活性差异不显著。原因是 PBZ 处理时间过早，导致后期早衰，影响了叶片碳代谢酶活性（表 12-13）。

表 12-13　不同处理叶片碳代谢酶活性的差异（张佳蕾等，2018b）

品种	处理	结荚期			饱果期		
		SS [Gmg/（g FW·h）]	SPS [Gmg/（g FW·h）]	PEPCase （g FW/U）	SS [Gmg/（g FW·h）]	SPS [Gmg/（g FW·h）]	PEPCase （U/g FW）
花育 20 号	CK	57.46c	15.71c	310c	43.30c	18.09c	263c
	PBZ-1	70.77a	24.66a	360a	42.73c	20.50c	261c
	PBZ-2	67.89ab	21.82b	341ab	51.54a	29.29a	344a
	PBZ-3	64.78b	19.78b	337b	46.21b	24.76b	318b
花育 25 号	CK	65.98c	12.69c	389d	49.72c	15.34d	352d
	PBZ-1	78.66a	24.76a	488a	63.87a	29.68a	449a
	PBZ-2	74.23b	21.34b	456b	57.95b	22.26b	413b
	PBZ-3	73.73b	17.893c	428c	55.29b	18.457c	383c

注：CK：清水对照；PBZ-1：主茎高约 25cm 时化控；PBZ-2：主茎高约 30cm 时化控；PBZ-3：主茎高约 35cm 时化控；同列不同小写字母表示差异显著（$P < 0.05$）

（二）提早化控对花生干物质重和产量构成的影响

不同时期 PBZ 处理均提高了花育 20 号和花育 25 号的单株结果数、单株果重、经济系数和荚果产量，显著降低了地上部茎叶干重，对根干重影响较小。PBZ-2 处理对花育 20 号的单株结果数、单株果重、经济系数和荚果产量提高幅度最大，PBZ-3 对荚果产量的提高幅度较大，PBZ-2 使花育 20 号荚果产量提高 23.7%，单株结果数提高 29.6%，单株果重提高 25.7%，经济系数提高 0.14。PBZ-1 对花育 25 号的单株结果数、单株果重、经济系数和荚果产量提高幅度最大，对茎叶干重降低幅度也最大，其次是 PBZ-2，PBZ-3 对上述指标的影响较小。PBZ-1 使花育 25 号荚果产量提高 23.0%，单株结果数提高 30.5%，单株果重提高 23.0%，经济系数提高 0.17。使花育 20 号植株早衰的 PBZ-1 处理，严重影响了其荚果充实度，虽然单株结果数增多，但单株果重与 CK 差异不显著，导致荚果产量提高幅度较小（表 12-14）。

表 12-14　不同处理花生干物质和产量构成的差异（张佳蕾等，2018b）

品种	处理	单株结果数	单株果重（g）	茎叶干重（g）	根干重（g）	经济系数	荚果产量 （kg/hm²）
花育 20 号	CK	11.65±0.65c	18.78±1.47c	23.41±1.47a	1.53±0.12a	0.43±0.03c	5026±203c
	PBZ-1	15.00±0.36a	20.26±1.01bc	15.87±0.75c	1.54±0.08a	0.54±0.02ab	5365±176bc
	PBZ-2	15.10±0.52a	23.61±0.99a	16.27±0.63c	1.55±0.14a	0.57±0.03a	6216±127a
	PBZ-3	13.50±0.73b	21.13±1.24b	17.87±0.76b	1.59±0.09a	0.52±0.01b	5510±212b
花育 25 号	CK	11.15±0.65c	20.66±1.03c	22.47±1.36a	1.60±0.06a	0.44±0.02c	5524±149d
	PBZ-1	14.55±0.76a	25.41±1.22a	16.97±1.62c	1.59±0.08a	0.61±0.02a	6797±131a
	PBZ-2	13.65±0.55ab	24.33±0.79ab	19.05±0.86b	1.58±0.11a	0.55±0.03b	6503±144b
	PBZ-3	13.05±0.38b	23.28±0.68b	19.23±1.52b	1.56±0.09a	0.53±0.02b	6237±162c

注：CK：清水对照；PBZ-1：主茎高约 25cm 时化控；PBZ-2：主茎高约 30cm 时化控；PBZ-3：主茎高约 35cm 时化控；同列不同小写字母表示差异显著（$P < 0.05$）

（三）　提早化控对花生籽仁品质的影响

不同时期喷施 PBZ 均降低了花育 20 号和花育 25 号籽仁蛋白质、赖氨酸和总氨基酸含量以及亚油酸相对含量，提高了脂肪含量、油酸相对含量和 O/L 值（除花育 20 号的 PBZ-1 处理之外）。花育 20 号籽仁的蛋白质、总氨基酸和赖氨酸含量以 PBZ-1 处理最低，其次是 PBZ-2 和 PBZ-3 处理，均显著低于 CK。花育 20 号籽仁脂肪含量、油酸相对含量和 O/L 值以 PBZ-2 处理最高，其次是 PBZ-3 处理，均显著高于 CK。其中 PBZ-2 的脂肪含量比 CK 提高了 1.7 个百分点，而 PBZ-1 的脂肪含量和 O/L 值要略低于 CK。花育 25 号的蛋白质、总氨基酸和赖氨酸含量也以 PBZ-1 处理最低，其次是 PBZ-2 处理，与 CK 差异显著。花育 25 号脂肪含量、油酸相对含量和 O/L 值以 PBZ-1 处理最高，其次是 PBZ-2 处理，其中 PBZ-1 的脂肪含量比 CK 提高了 1.13 个百分点（表 12-15）。

表 12-15　不同处理花生籽仁品质的差异（张佳蕾等，2018b）

品种	处理	蛋白质（%）	赖氨酸（%）	总氨基酸（%）	脂肪（%）	油酸（%）	亚油酸（%）	油酸/亚油酸（O/L）
花育20号	CK	26.98±0.22a	0.96±0.02a	24.36±0.37a	50.54±0.28c	35.75±0.33c	42.12±0.36a	0.85±0.03b
	PBZ-1	25.40±0.24c	0.80±0.02c	22.52±0.24c	50.30±0.32c	35.45±0.36c	42.47±0.28a	0.83±0.05b
	PBZ-2	25.88±0.36bc	0.86±0.03b	23.02±0.28b	52.24±0.43a	40.22±0.47a	37.32±0.33c	1.08±0.04a
	PBZ-3	26.26±0.18b	0.89±0.04b	23.40±0.39b	51.40±0.36b	39.25±0.39b	38.36±0.39b	1.02±0.04a
花育25号	CK	24.86±0.21a	0.84±0.02a	22.45±0.27a	53.84±0.28c	40.23±0.34d	38.17±0.31a	1.05±0.03c
	PBZ-1	23.36±0.28c	0.77±0.02b	20.82±0.28c	54.97±0.34a	43.52±0.38a	34.82±0.37c	1.25±0.04a
	PBZ-2	24.17±0.19b	0.79±0.01b	21.63±0.31b	54.64±0.30ab	42.44±0.29b	36.33±0.47b	1.17±0.05ab
	PBZ-3	24.32±0.26b	0.80±0.02ab	21.78±0.28b	54.26±0.32bc	41.48±0.31c	37.19±0.45b	1.12±0.04bc

注：CK：清水对照；PBZ-1：主茎高约 25cm 时化控；PBZ-2：主茎高约 30cm 时化控；PBZ-3：主茎高约 35cm 时化控；同列不同小写字母表示差异显著（$P < 0.05$）

适宜时期利用多效唑处理，通过提高不同品种花生的叶片保护酶活性、叶绿素含量以及根系活力等生理指标，延缓了植株衰老，从而增强了群体高光效能力，增加了光合产物积累。同时通过抑制地上部植株旺长，促进光合产物向荚果分配，有效提高了经济系数和荚果产量。多效唑处理对荚果产量的提高，主要是通过增加单株结果数和提高单果重量来实现。喷施多效唑显著提高了叶片碳代谢酶活性，使脂肪含量和 O/L 值显著提高，对于油用型大粒花生品种花育 25 号增加产油量和改善油的品质具有较大意义。小粒花生品种花育 20 号最适化控时期为主茎高 30cm 时，大粒花生品种花育 25 号最适化控时期为主茎高 25cm 时，其荚果产量最高，籽仁品质也较好。

二、提早化控对高产花生个体发育和群体结构影响

（一）提早化控对花生植株性状的影响

不同时期 PBZ 处理均显著降低了花生饱果期和成熟期植株的主茎高与侧枝长，其中以 PBZ-1 处理降低幅度最大，其次是 PBZ-2 处理，PBZ-3 处理的降低幅度较小（图 12-14）。不同时期 PBZ 处理均增加了两个生育期的分枝数，PBZ 处理成熟期的分枝数分别比 CK 增加了 1.25 个、0.90 个和 0.75 个，化控时间越早增加越显著。与对主茎高和侧枝长的影响一致，PBZ 处理均显著降低了饱果期和成熟期的主茎节数，3 个 PBZ 处理在成熟期的主茎节数分别比 CK 少 2.68 个、1.82 个和 1.05 个。PBZ 处理均显著降低了饱果期的主茎绿叶数，其中以 PBZ-1 降低幅度最大，成熟期的主茎绿叶数表现相反，以 CK 最低，原因是 CK 叶片早衰，落叶严重。同样原因，PBZ 处理在饱果期的叶面积指数（LAI）要低于 CK，但在成熟期的 LAI 要显著高于 CK，其中以 PBZ-2 处理的 LAI 值最高，其次是 PBZ-1，PBZ-3由于化控较晚，成熟期落叶较多，因此主茎绿叶数和叶面积指数要低于较早化控处理。

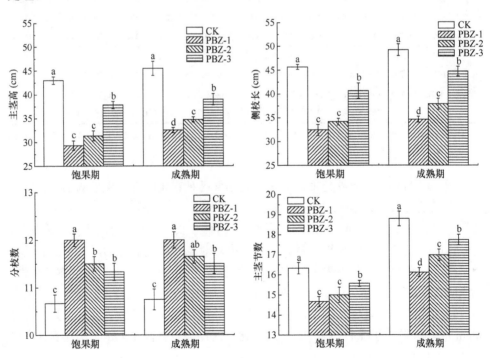

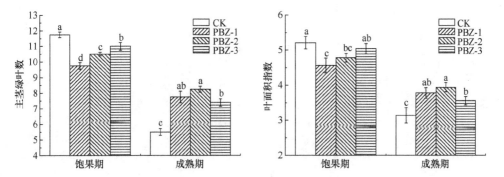

图 12-14　不同处理主茎高、侧枝长、分枝数、主茎节数、主茎绿叶数和叶面积指数差异
（张佳蕾等，2018c）

CK：清水对照；PBZ-1：主茎高约 25cm 时化控；PBZ-2：主茎高约 30cm 时化控；PBZ-3：主茎高约 35cm 时化控；
不同小写字母表示同一时期不同处理差异显著（P < 0.05）

（二）提早化控对叶片内源激素含量的影响

　　赤霉素（GA）是一类主要通过促进节间生长而调控植物株高的重要激素。生长素（IAA）也属于促进型植物激素，但是与 IAA 的浓度、植物种类和器官、细胞年龄等因素有关。玉米素核苷（ZR）等细胞分裂素能促进小麦分蘖。脱落酸（ABA）对植物生长发育是一种抑制型激素，可以促进碳水化合物向库的运输，加快籽粒灌浆。不同时期 PBZ 处理均显著降低了花生饱果期叶片的 GA 和 IAA 含量，显著提高了饱果期叶片的 ZR 和 ABA 含量（图 12-15）。与饱果期比较，PBZ处理对成熟期叶片各内源激素含量的影响表现不一。除 PBZ-1 显著降低成熟期叶片的 GA 含量，PBZ-1、PBZ-2 显著增加 ABA 含量外，其余处理的成熟期内源激素含量差异不显著。两个生育期的 GA 含量均以 PBZ-1 处理最低，其次是 PBZ-2处理，CK 的 GA 含量最高。与 GA 含量表现一致，饱果期的 IAA 含量也以 PBZ-1处理最低，其次是 PBZ-2 处理。PBZ-1 和 PBZ-2 处理对成熟期叶片的 IAA 含量略有增高作用。饱果期叶片 ZR 含量表现为 PBZ-1> PBZ-2> PBZ-3≈CK，在成熟期以PBZ-2 处理的 ZR 含量较低。饱果期叶片 ABA 含量表现为 PBZ-1> PBZ-2 > PBZ-3>CK，在成熟期以 PBZ-1 和 PBZ-2 处理的 ABA 含量较高。

　　不同时期 PBZ 处理均显著降低了花生饱果期叶片的 GA/ABA 和 IAA/ABA值，对 ZR/ABA 影响不显著。成熟期除了 PBZ-3 处理 GA/ABA 与 CK 差异不显著外，其余各处理均显著降低了成熟期叶片各内源激素的比值。各处理在饱果期和成熟期叶片的 GA/ABA、IAA/ABA 与 ZR/ABA 值，均以 PBZ-1 和 PBZ-2处理的最低，其次是 PBZ-3 处理，CK 处理的各激素比值最高，提早化控对叶片内源激素平衡的影响较大。PBZ-1 和 PBZ-2 处理的各内源激素比值差异不显著（表 12-16）。

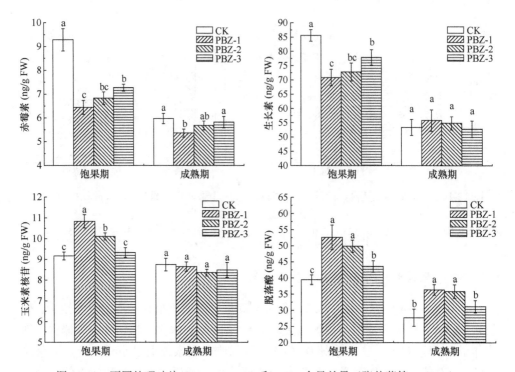

图 12-15　不同处理叶片 GA、IAA、ZR 和 ABA 含量差异（张佳蕾等，2018c）

CK：清水对照；PBZ-1：主茎高约 25cm 时化控；PBZ-2：主茎高约 30cm 时化控；PBZ-3：主茎高约 35cm 时化控；
不同小写字母表示同一时期不同处理差异显著（$P<0.05$）

表 12-16　不同处理叶片中 GA/ABA、IAA/ABA 和 ZR/ABA 的差异（张佳蕾等，2018c）

处理	饱果期			成熟期		
	GA/ABA	IAA/ABA	ZR/ABA	GA/ABA	IAA/ABA	ZR/ABA
CK	0.24a	2.17a	0.23a	0.22a	1.92a	0.32a
PBZ-1	0.12c	1.35c	0.21a	0.15b	1.53c	0.24bc
PBZ-2	0.14bc	1.46c	0.20a	0.16b	1.53c	0.23c
PBZ-3	0.17b	1.79b	0.21a	0.19ab	1.69b	0.27b

注：CK：清水对照；PBZ-1：主茎高约 25cm 时化控；PBZ-2：主茎高约 30cm 时化控；PBZ-3：主茎高约 35cm
时化控；同列不同小写字母表示差异显著（$P<0.05$）

　　提早化控通过改变内源激素的含量，影响花生的个体发育和群体构建，主要有三点：一是通过提高 ZR 和 ABA 含量来提高叶片叶绿素含量与保护酶活性，较好的植株保绿性，有利于保持较高的光合速率和较长的高光效持续时间，这也是花生高产优质的生理基础；二是通过提高 ZR 含量来增加花生的分枝数，使高产花生群体结构更合理，花生分枝数的增加是单株结果数和荚果产量增加的主要原因；三是通过降低 GA 和 IAA 含量来控制营养生长，通过提高 ABA 含量使光合产物向荚果转运。减少地上部冗余和加快碳水化合物向库的运输，是增加荚果产量和提高籽仁品质的物质基础。不同时期化控对花生个体发育和群体结构以及产量与品质的影响差异较大，在花生封垄后化控时间越早，其增产优质效果越显著。

三、"三防三促"技术对花生农艺性状和产量的影响

高产花生由于较大的种植密度和较高的肥水供应水平，生育中期植株容易旺长，造成田间郁闭，通风透光能力差，生育后期肥力不足，所以生产上存在以下几个问题：第一，遇连阴雨天气会导致植株徒长倒伏；第二，田间郁闭会加重病虫害尤其是叶斑病的发生；第三，花生不便追肥，容易使生育后期脱肥早衰。植株徒长倒伏、叶斑病加重和脱肥早衰均显著影响荚果的充实饱满，限制产量提高，甚至减产严重。高肥水地块的花生主要通过喷施植物生长抑制剂来控制株高防止倒伏，具有明显的增产作用。研究表明多效唑能延缓花生植株衰老，促进干物质向荚果分配，增加单株结果数和荚果产量。花生叶斑病主要危害叶片和茎秆，破坏叶绿素，造成光合作用效能下降，大量病斑会引起落叶，严重影响干物质积累和荚果成熟，一般可使花生减产 10%～20%，严重时可达 30% 以上。应用杀菌剂是当前田间防治叶斑病的重要措施，化学药剂对于花生叶部病害的防治效果一般在 60% 左右（韩锁义等，2016）。叶面追肥是花生重要的根外营养方式，对于补给花生必需营养元素、促进后期荚果发育有重要作用。叶面追施氮肥可通过增加叶绿素含量，提升光系统 PSII 反应中心内部光能转换效率等，促使叶片光合作用的提高，同时氮素是蛋白质、氨基酸、核酸等的重要组成成分，叶面追施氮肥显著改善了作物营养，从而促进了干物质的积累。磷素是核酸、核苷酸、蛋白质、磷脂等的重要组成成分，磷在土壤中很容易被固定，因此叶面追施磷肥是补给花生磷源的重要措施。钾素参与呼吸作用的气孔调节、光合作用及其同化物从"源"向"库"端的运输（沈浦等，2015；Lambers et al，2015；王才斌和万书波，2011）。

研究人员对上述问题进行了较多的研究和探索，如不同化控剂和化控浓度防花生徒长倒伏效果研究（钟瑞春等，2013；马冲等，2012），杀菌剂种类和喷施时期对叶斑病的防治效果（晏立英等，2016；葛洪滨等，2014；王才斌等，2005），追肥时期和追肥方法对花生叶面积指数、叶绿素含量、光合速率、产量和产量构成因素等的影响（蒋春姬等，2017；毕振方等，2011；赵秀芬等，2009）。山东省农业科学院花生栽培与生理生态创新团队在产量调控理论和田间调控技术研究的基础上，创建了"三防三促"调控技术：一是精准化控，防徒长倒伏，促进物质分配和运转；二是提早用药，防病保叶，促进光合产物积累；三是叶面追肥，防后期早衰，促进荚果充实饱满。

2016～2017 年，在山东省农业科学院济阳试验站高产田中进行试验。设 4 个处理，分别为：CK（生产上常规管理，主茎高 40cm 时每公顷用 15% 多效唑可湿

性粉剂 500g 兑水 750kg 进行均匀的叶面喷施）；T1（精准化控，主茎高 28cm 时每公顷用 15%多效唑可湿性粉剂 500g 兑水 750kg 进行均匀的叶面喷施）；T2（精准化控+提早用药，主茎高 28cm 时每公顷用 15%多效唑可湿性粉剂 500g 兑水 750kg 进行均匀的叶面喷施。7 月 5 日开始每隔 15d 左右叶面喷施杀菌剂苯醚甲环唑+嘧菌酯 800 倍液，连续喷施 3 次）；T3（精准化控+提早用药+叶面追肥，主茎高 28cm 时每公顷用 15%多效唑可湿性粉剂 500g 兑水 750kg 进行均匀的叶面喷施。7 月 5 日开始每隔 15d 左右叶面喷施杀菌剂苯醚甲环唑+嘧菌酯 800 倍液，连续喷施 3 次。8 月 20 日开始每隔 7d 左右每公顷叶面喷施 2%尿素+0.2%磷酸二氢钾水溶液 750kg，连续喷施 3 次）。

（一）"三防三促"技术对花生生理特性的影响

1. 叶绿素含量

不同试验处理均显著提高了花生饱果期和成熟期叶片叶绿素含量（图 12-16）。T1（精准化控）处理在饱果期和成熟期的叶绿素含量分别比 CK 提高 14.45%和 23.94%。T2（精准化控+提早用药）处理在饱果期和成熟期分别比 CK 提高 23.70%和 33.10%，比 T1 处理分别提高 8.08%和 7.39%。T3（精准化控+提早用药+叶面追肥）处理在饱果期和成熟期分别比 CK 提高 27.75%和 35.21%，比 T1 处理分别提高 11.62%和 9.09%，比 T2 处理分别提高 3.27%和 1.59%。T3 处理对叶片叶绿素含量提高幅度最大，其次是 T2 处理，最低为 T1 处理。精准化控、提早用药和叶面追肥单项技术均能提高叶片叶绿素含量，"三防三促"技术可显著提高饱果期和成熟期的叶绿素含量，有利于高产花生尤其在生育后期仍保持较高的光合能力。

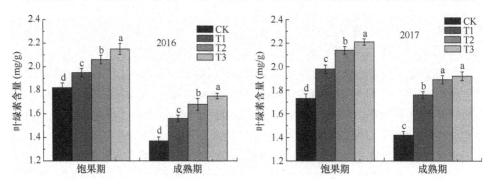

图 12-16　不同处理叶片叶绿素含量的差异（张佳蕾等，2018d）

CK：常规；T1：精准化控；T2：精准化控+提早用药；T3：精准化控+提早用药+叶面追肥；不同小写字母表示同一时期不同处理差异显著（$P < 0.05$）

2. 根系活力

不同试验处理均显著提高了花生饱果期和成熟期的根系活力，其中 2017 年各处理对根系活力提高幅度较大（图 12-17）。T1（精准化控）处理在饱果期和成熟期的活力分别比 CK 提高 24.48%和 30.00%。T2（精准化控+提早用药）处理在饱果期和成熟期分别比 CK 提高 27.92%和 40.84%，比 T1 处理分别提高 2.76%和8.34%。T3（精准化控+提早用药+叶面追肥）处理在饱果期和成熟期分别比 CK 提高 34.12%和 45.30%，比 T1 处理分别提高 7.75%和 11.77%，比 T2 处理分别提高 4.85%和 3.17%。与对叶片叶绿素含量的影响一致，各处理也以 T3 处理对根系活力提高幅度最大，提早用药防病保叶和叶面追肥防后期早衰，能使植株根系在生育后期仍保持较高的吸收能力，为光合产物的积累提供保障。

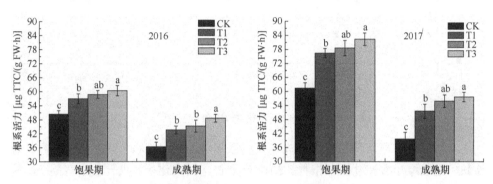

图 12-17　不同处理花生根系活力的差异（张佳蕾等，2018d）

CK：常规；T1：精准化控；T2：精准化控+提早用药；T3：精准化控+提早用药+叶面追肥；不同小写字母表示同一时期不同处理差异显著（$P < 0.05$）

3. 叶片保护酶活性和丙二醛含量

不同处理均显著提高了花生饱果期和成熟期叶片 SOD、POD、CAT 活性，显著降低了 MDA 含量。2017 年，T1（精准化控）处理在饱果期和成熟期的 SOD活性分别比 CK 提高 12.70%和 24.83%，POD 活性分别提高 27.75%和 30.20%，CAT 活性分别提高 35.92%和 23.91%，MDA 含量分别比 CK 降低 32.27%和 19.90%。T2（精准化控+提早用药）处理在饱果期和成熟期的 MDA 含量分别比 T1 处理降低 19.01%和 5.91%，分别比 CK 降低 45.15%和 24.63%。T3（精准化控+提早用药+叶面追肥）处理在饱果期和成熟期的 MDA 含量分别比 T2 处理降低 3.44%和10.95%，分别比 T1 处理降低 21.80%和 16.21%，分别比 CK 降低 47.04%和 32.89%。CK 由于地上部生长过旺，田间通风透光性差，叶部病害发生较重，再加上后期脱肥，叶片 SOD、POD、CAT 活性下降和 MDA 含量升高，植株早衰落叶，影响了光合产物积累。精准化控抑制地上部生长，增加了植株间通透性，改善了田间微环境，提早用药预防了叶斑病等病害的发生，叶面追肥防止了生育后期因脱肥引起的早衰。"三防三促"技术的应用增加了较大叶面积持续期，有效提高了光合面积和光合时间，促进了光合产物的积累和向荚果的转运（表 12-17）。

表 12-17 不同处理叶片 SOD、POD、CAT 活性和 MDA 含量差异（张佳蕾等，2018d）

年份	处理	饱果期				成熟期			
		SOD (U/g FW)	POD [ΔA_{470}/（g FW·min）]	CAT [mg/（g FW·min）]	MDA (μmol/g FW)	SOD (U/g FW)	POD [ΔA_{470}/（g FW·min）]	CAT [mg/（g FW·min）]	MDA (μmol/g FW)
2016	CK	74.45c	42.32c	3.63c	12.31a	43.56d	24.76c	2.32c	17.87a
	T1	85.76b	54.18b	4.27b	9.58b	58.35c	29.65b	2.75b	13.56b
	T2	88.78a	58.43a	4.53a	8.23c	63.27b	32.63ab	2.84ab	11.79c
	T3	89.58a	57.65a	4.58a	7.98c	67.53a	35.28a	2.91a	11.34c
2017	CK	87.38c	45.91d	4.26c	11.65a	57.26d	27.98c	2.97c	15.63a
	T1	98.48b	58.65c	5.79b	7.89b	71.48c	36.43b	3.68b	12.52b
	T2	102.72ab	61.21b	6.02a	6.39c	75.81b	39.57a	3.87ab	11.78bc
	T3	104.76a	63.25a	6.11a	6.17c	78.26a	38.87a	3.95a	10.49c

注：CK：常规；T1：精准化控；T2：精准化控+提早用药；T3：精准化控+提早用药+叶面追肥；同列不同小写字母表示差异显著（$P<0.05$）

（二）"三防三促"技术对花生植株性状的影响

不同处理均显著降低了花生成熟期的主茎高、侧枝长和主茎节数，提高了分枝数、主茎绿叶数和叶面积指数。2017 年，T1（精准化控）处理的主茎高、侧枝长和主茎节数分别比 CK 降低 23.19%、22.40%和 4.69 个，分枝数、主茎绿叶数和叶面积指数分别比 CK 提高 0.88 个、1.92 个和 12.25%。除主茎绿叶数和叶面积指数之外，T1、T2 和 T3 处理的主茎高、侧枝长、主茎节数和分枝数均差异不显著。T2（精准化控+提早用药）处理的主茎绿叶数和叶面积指数分别比 T1 处理提高了0.89 个和 5.01%，T3（精准化控+提早用药+叶面追肥）处理分别比 T1 处理提高了 2.36 个和 3.83%。精准化控显著抑制了地上部植株的伸长生长，促进了侧枝分化，提早用药和叶面追肥增加了植株保绿性，有效提高了生育后期的叶面积指数，"三防三促"技术有利于地上部理想株型的构建（表 12-18）。

表 12-18 不同处理花生成熟期植株性状差异（张佳蕾等，2018d）

年份	处理	主茎高（cm）	侧枝长（cm）	分枝数	主茎节数	主茎绿叶数	叶面积指数
2016	CK	47.65a	49.54a	9.75b	26.28a	4.87c	2.87c
	T1	38.28b	39.76b	10.87a	22.47b	7.50b	3.26b
	T2	40.45b	41.25b	11.12a	23.65b	8.24ab	3.47a
	T3	39.53b	40.66b	11.03a	23.87b	8.86a	3.50a
2017	CK	52.57a	53.76a	9.64b	27.83a	5.34d	3.02c
	T1	40.38b	41.72b	10.52a	23.14b	7.26c	3.39b
	T2	39.76b	40.96b	10.38a	23.43b	8.15b	3.56a
	T3	40.79b	42.04b	10.69a	23.75b	9.62a	3.52a

注：CK：常规；T1：精准化控；T2：精准化控+提早用药；T3：精准化控+提早用药+叶面追肥；同列不同小写字母表示差异显著（$P<0.05$）

（三）"三防三促"技术对植株干物质和产量构成的影响

不同处理均显著提高了花生单株结果数、单株果重和荚果产量。其中 T1（精准化控）处理 2016 年的单株果重和荚果产量分别比 CK 增加 17.51% 和 18.36%，2017 年的单株果重和荚果产量分别比 CK 增加 19.73% 和 20.35%。T2（精准化控＋提早用药）处理 2016 年的单株果重和荚果产量分别比 CK 增加 23.46% 和 24.83%，2017 年分别比 CK 增加 25.46% 和 26.39%。T3（精准化控＋提早用药＋叶面追肥）处理 2016 年的单株果重和荚果产量分别比 CK 增加 31.25% 和 30.21%，2017 年分别比 CK 增加 29.27% 和 30.62%。T2 处理 2016 年和 2017 年的荚果产量分别比 T1 处理增加 5.47% 和 5.02%，T3 处理分别比 T1 处理增加 10.02% 和 8.53%。T2 和 T3 处理的植株干物质重均显著高于 CK，而 T1 处理与 CK 差异不显著，但不同处理的经济系数均显著高于 CK。其中 T1 处理 2016 年和 2017 年的经济系数分别比 CK 提高 15.56% 和 17.39%，T2 处理分别比 CK 提高 20.00% 和 19.57%，T3 处理分别比 CK 提高 22.22% 和 19.57%。不同处理的出仁率差异较大，T3 处理的出仁率最高，其次是 T2 处理，T1 处理与 CK 的差异不显著。其中 T3 处理 2016 年和 2017 年的出仁率分别比 CK 提高了 3.11 个百分点和 3.02 个百分点。精准化控通过促进物质转运，显著提高了花生单株结果数和单株果重，提早用药和叶面追肥通过促进光合产物积累，显著提高了荚果饱满度（表 12-19）。

表 12-19　不同处理干物质重和产量构成差异（张佳蕾等，2018d）

年份	处理	单株结果数	单株果重（g）	植株干物质重（g）	经济系数	荚果产量（kg/hm²）	出仁率（%）
2016	CK	17.82c	35.46c	78.45c	0.45c	7 767.2d	68.76c
	T1	20.85b	41.67b	79.62bc	0.52b	9 193.5c	68.65c
	T2	21.79ab	43.78ab	81.07b	0.54ab	9 696.0b	70.23b
	T3	23.04a	46.54a	84.62a	0.55a	10 114.5a	71.87a
2017	CK	18.33c	36.45c	79.24c	0.46b	8 020.5c	69.33c
	T1	21.86b	43.64b	80.81bc	0.54c	9 652.4b	69.14c
	T2	22.78ab	45.73ab	83.15ab	0.55a	10 137.2a	71.17b
	T3	23.47a	47.12a	85.67a	0.55a	10 476.0a	72.35a

注：CK：常规；T1：精准化控；T2：精准化控＋提早用药；T3：精准化控＋提早用药＋叶面追肥；同列不同小写字母表示差异显著（$P < 0.05$）

"三防三促"调控技术有利于高产花生理想株型塑造、改善植株生理特性。通过精准化控，防徒长倒伏，促进了物质分配和运转。提早用药，防病保叶，促进了光合产物积累。叶面追肥，防后期早衰，促进了荚果充实饱满。在目前我国大面积花生平均单产徘徊不前、高产纪录难以突破的背景下，"三防三促"调控技术的应用，将是促进花生单产水平提高和进一步获取高产的重要措施之一。

第三节　花生单粒精播高产栽培技术体系

山东省农业科学院花生栽培团队以"单粒精播"为核心技术，以"钙肥调控"和"三防三促"为共性关键技术，建立了花生单粒精播高产栽培技术体系，实现了施肥、播种和田间管理的全程精准栽培，创建了旱地、渍涝地、酸性土、盐碱地和春花生超高产五项高产栽培技术。

一是以"单粒精播、适期晚播、增钙抑旱、膜下滴灌"为关键技术，建立了旱地花生高产栽培技术规程，成为农业农村部和山东省主推技术。

技术要点：①选用花育 25 号等抗旱品种。②起垄覆膜栽培，密度 22.5 万～25.5 万株/hm^2（15 000～17 000 株/666.7m^2）。③平衡施肥，增加钙肥用量，N：P$_2$O$_5$：K$_2$O：CaO 为 2：1：1.5：1.5。④适期抢墒播种，宜采用膜下滴灌技术。⑤中后期喷施 2%尿素+0.2%磷酸二氢钾水溶液 900kg/hm^2（60kg/666.7m^2）。

二是以"单粒精播、高垄防涝、喷调节剂、营养调控"为关键技术，建立了花生渍涝防控技术规程，成为农业农村部和山东省主推技术。

技术要点：①选用豫花 15 号等耐渍涝品种。②采用高畦或起垄栽培，密度 19.5 万～22.5 万株/hm^2（13 000～15 000 株/666.7m^2）。③N：P$_2$O$_5$：K$_2$O：CaO 为 1：1.5：1.5：2。④提前或推迟播期，适当浅播。⑤遇渍涝后 10d，喷施浓度为 10～100mg/L 的赤霉素，并配施生长延缓剂。

三是以"单粒精播、石灰调酸、增钙促饱、叶面追肥"为关键技术，建立了酸性土花生高产栽培技术规程，成为湖南省地方标准。

技术要点：①选用花育 22 号、湘花 2008 等耐酸性强的高产品种。②起垄覆膜栽培，密度 19.5 万～22.5 万株/hm^2（13 000 株～15 000 株/666.7m^2）。③基施石灰 750～1500kg/hm^2（50～10kg/666.7m^2）。④有机肥、微生物肥和钙肥配合施用，N：P$_2$O$_5$：K$_2$O：CaO 为 2：2：1.5：2。⑤适期化控，后期喷施 0.2%硝酸钙+0.2%磷酸二氢钾水溶液 900kg/hm^2（60kg/666.7m^2），喷施 2～3 次。

四是以"单粒精播、大水压盐、以肥抑盐、防止早衰"为关键技术，建立了盐碱地花生高产栽培技术规程，成为山东省主推技术。

技术要点：①选用花育 32 号等耐盐品种。②选择土壤含盐量 0.2%～0.3%的地块，播前 10～15d 进行大水压盐。③覆膜栽培，密度 22.5 万～25.5 万株/hm^2（15 000 株～17 000 株/666.7m^2）。④适当增加有机肥和钙肥用量，N：P$_2$O$_5$：K$_2$O：CaO 为 2.5：2：1.5：2。⑤适期化控，中后期喷施 2%尿素+0.2%磷酸二氢钾水溶液 750kg/hm^2（50kg/666.7m^2）。

五是以"单粒精播、增施钙肥、提早化控、防病保叶"为关键技术，建立了单粒精播超高产栽培技术规程，成为农业行业标准和山东省地方标准。

技术要点：①选择海花 1 号等高产品种，精选发芽率≥98%的一级种子，精细包衣。②覆膜栽培，密度 21 万～24 万株/hm^2（14 000 株～16 000 株/666.7m^2）。③增施缓控释肥，N：P$_2$O$_5$：K$_2$O：CaO 为 2.5：2：2.5：2。④主茎高 28cm 左右化控。⑤从花针期开始喷施杀菌剂，连喷 3～4 次。⑥饱果期喷施叶面肥，连喷 2～3 次。

应用花生单粒精播高产栽培技术体系，连续 3 年实收超过 11 250kg/hm^2（750kg/666.7m^2），创造单产荚果 11 739kg/hm^2（666.7m^2 全收荚果 782.6kg）的世界纪录，突破了穴播两粒未达到 11 250kg/hm^2（750kg/666.7m^2）的技术瓶颈。在旱地、渍涝地、盐碱地和酸性土壤分别取得 9169.5kg/hm^2（611.3kg/666.7m^2）、6400.5kg/hm^2（426.7kg/666.7m^2）、8229kg/hm^2（548.6kg/666.7m^2）和 10 132.5kg/hm^2（675.5kg/666.7m^2）的最高水平。

参 考 文 献

毕振方, 杨富军, 闫萌萌, 等. 2011. 不同追肥时期对花生光合特性及产量的影响. 农学学报, 1(9): 6-10.

陈建国, 张杨珠, 曾希柏, 等. 2008. 长期不同施肥对水稻土交换性钙、镁和有效硫、硅含量的影响. 生态环境, 17(5): 2064-2067.

葛洪滨, 刘宗发, 马众文, 等. 2014. 不同杀菌剂对连作花生叶斑病的防治效果及产量的影响. 花生学报, 43(1): 52-55.

韩锁义, 张新友, 朱军, 等. 2016. 花生叶斑病研究进展. 植物保护, 42(2): 14-18.

姜慧芳, 任小平. 2004. 干旱胁迫对花生叶片 SOD 活性和蛋白质的影响. 作物学报, 30(2): 169-174.

蒋春姬, 王宁, 王晓光, 等. 2017. 钙钼硼肥对花生生长发育及产量品质的影响. 中国油料作物学报, 39(4): 524-531.

李岳, 王月福, 王铭伦, 等. 2012. 施钙对花生衰老特性和产量的影响. 青岛农业大学学报, 29(2): 89-93.

刘晶晶, 刘春生, 李同杰, 等. 2005. 钙在土壤中的淋溶迁移特征研究. 水土保持学报, 19(4): 53-56.

马冲, 张成玲, 刘震, 等. 2012. 烯效唑对花生生长调节作用研究. 中国农学通报, 28(24): 222-225.

沈浦, 罗盛, 吴正锋, 等. 2015. 花生磷吸收分配及根系形态对不同酸碱度叶面磷肥的响应特征. 核农学报, (12): 2418-2424.

孙宪芝, 郭先锋, 郑成淑, 等. 2008. 高温胁迫下外源钙对菊花叶片光合机构与活性氧清除酶系统的影响. 应用生态学报, 19(9): 1983-1988.

万书波. 2003. 中国花生栽培学. 上海: 上海科学技术出版社.

王才斌, 孙秀山, 成波, 等. 2005. 不同杀菌剂对花生叶斑病的防效及公害研究. 中国油料作物学报, (4): 72-75.

王才斌, 万书波. 2011. 花生生理生态学. 北京: 中国农业出版社.

王才斌, 吴正锋, 赵品绩, 等. 2008. 调环酸钙对花生某些生理特性和产量的影响. 植物营养与肥料学报, 14(6): 1160-1164.

王媛媛, 王先芸, 任嘉, 等. 2014. 钙肥不同用量对花生氮代谢的影响. 安徽农业科学, 42(32): 11289-11291.

严美玲, 李向东, 林英杰, 等. 2007. 苗期干旱胁迫对不同抗旱花生品种生理特性、产量和品质的影响. 作物学报, 33: 113-119.

晏立英, 宋亚辉, 倪皖莉, 等. 2016. 三种杀菌剂在不同生态区对花生叶斑病的防治效果. 中国油料作物学报, 38(5): 644-648.

于天一, 孙秀山, 石程仁, 等. 2014. 土壤酸化危害及防治技术研究进展. 生态学杂志, 33(11): 3137-3143.

袁金华, 徐仁扣. 2012. 生物质炭对酸性土壤改良作用的研究进展. 土壤, 44(4): 541-547.

张大庚, 刘敏霞, 依艳丽, 等. 2012. 长期单施及配施过磷酸钙对设施土壤钙素分布的影响. 水土保持学报, 26(1): 223-226.

张福锁. 2016. 我国农田土壤酸化现状与影响. 民主与科学, (6): 26-27.

张佳蕾, 郭峰, 李德文, 等. 2018d. "三防三促"调控技术对高产花生农艺性状和产量的影响. 中国油料作物学报, 40(6): 828-834.

张佳蕾, 郭峰, 李新国, 等. 2018b. 不同时期喷施多效唑对花生生理特性、产量和品质的影响. 应用生态学报, 29(3): 874-882.

张佳蕾, 郭峰, 孟静静, 等. 2015. 酸性土施用钙肥对花生产量和品质及相关代谢酶活性的影响. 植物生态学报, 39(11): 1101-1109.

张佳蕾, 郭峰, 孟静静, 等. 2016. 钙肥对旱地花生生育后期生理特性和产量的影响. 中国油料作物学报, 38(3): 321-327.

张佳蕾, 郭峰, 杨莎, 等. 2018a. 不同肥料配施对酸性土钙素活化及花生产量和品质的影响. 水土保持学报, 32(2): 270-275, 320.

张佳蕾, 郭峰, 张凤, 等. 2018c. 提早化控对高产花生个体发育和群体结构影响. 核农学报, 32(11): 2216-2224.

张佳蕾, 王媛媛, 孙莲强, 等. 2013. 多效唑对不同品质类型花生产量、品质及相关酶活性的影响. 应用生态学报, 24(10): 2850-2856.

赵秀芬, 房增国, 李俊良. 2009. 山东省不同区域花生基肥和追肥用量及比例分析. 中国农学通报, 25(18): 231-235.

钟瑞春, 陈元, 唐秀梅, 等. 2013. 3种植物生长调节剂对花生的光合生理及产量品质的影响. 中国农学通报, 29(15): 112-116.

周卫, 林葆. 1996. 花生缺钙症状与超微结构特征的研究. 中国农业科学, 29(4): 53-57.

周卫, 林葆. 2001. 受钙影响的花生生殖生长及种子素质研究. 植物营养与肥料学报, 7(2): 205-210.

Adams J F, Hartzog D L, Nelson D B. 1993. Supplemental calcium application on yield, grade, and seed quality of runner peanut. Agronomy Journal, 85(1): 86-93.

Guo J H, Liu X J, Zhang Y, et al. 2010. Significant acidification in major Chinese croplands. Science, 327(5968): 1008-1010.

Lambers H, Hayes P E, Laliberté E, et al. 2015. Leaf manganese accumulation and phosphorus acquisition efficiency. Trends in Plant Science, 20(2): 83-90.

Minorsky P V. 1985. An heuristic hypothesis of chilling injury in plants: a role for calcium as the primary physiological transducer of injury. Plant Cell & Environment, 8: 75-83.

Rahman M A. 2006. Effect of calcium and *Bradyrhizobium* inoculation of the growth, yield and quality of groundnut (*A. hypogaea* L.). Bangladesh Journal of Scientific and Industrial Research, 41: 181-188.

第十三章 花生单粒精播技术要点

第一节 花生播种前的准备

一、选地、耕地与施肥

（一）选地

要想获得花生单粒精播优质、高产和稳产，选地要符合三个条件：一是不选重茬地。花生春播单粒精播田应选择未种过花生和其他豆科作物的生茬地，或者是高产玉米茬、棉花茬和地瓜茬。花生夏播单粒精播田应选择覆膜大蒜、土豆等蔬菜茬或者早熟高产小麦茬。花生套种单粒精播田应选择预留套种行的地块。二是环境好、肥力中等以上的地片。其土壤的理化指标应符合下列条件：土壤容重 $1.2\sim1.3g/cm^3$，总孔隙度 50%左右，有机质 0.85%以上，全氮 0.06%～0.08%，全磷 0.05%～0.09%，水解氮 50～90mg/kg，速效磷 22～66mg/kg，速效钾 55～90mg/kg，交换性钙 1.4～2.5g/kg。三是土体结构好。土层深厚，50cm 以上，地势平坦，沟灌、喷灌和滴灌设施齐全，排涝方便，要求花生 50cm 根系层和 20cm 结实层土壤类型为肥沃的轻沙壤土。

（二）耕地

春播单粒精播花生地，一定要秋耕、冬耕或春耕 25～30cm，深耕要宜早不宜迟。秋耕要在早秋作物收获后进行，冬耕要在晚秋作物收获后进行。来不及冬前耕的地块，可在开冻后早春进行，以留有充裕的时间让土壤自然沉实，土肥相融。夏播单粒精播花生地，也要及时旋耕灭茬，耙平地要深冬耕或春耕，打破犁地层，加深熟化耕作层，促进花生根系发育，增强土壤抗旱和耐涝能力，促进花生生长发育。若发现有根结线虫病和蛴螬与金针虫危害严重的地块，应结合耕地进行药剂处理。据试验，在历年浅耕的土壤上，深耕 30cm，花生一级侧根总根量为 137 条，比浅耕 15cm 的多 46 条，增加 50.5%，单产荚果 483.9kg/666.7m^2，比浅耕增加 123.6kg/666.7m^2，增产 34.3%。

（三）施肥

深耕结合施足有机肥和化肥，不仅可提供花生生育所需要的养分，还为土壤微生物提供良好的培养基，增加土壤微生物的数量和质量，有利于土壤的进一步熟化和改善土壤肥力状况。

据测定，花生每生产 100kg 荚果约需吸收氮（N）5kg、磷（P_2O_5）1kg、钾（K_2O）2.5kg。花生所需要的营养元素，除部分氮素来自自身根瘤菌固氮供给外，其他部分氮和全部的磷、钾等营养元素全部来自土壤与肥料。根瘤菌供氮量因土壤肥力和施肥水平不同存在较大差异，肥力中等的土壤，根瘤菌供氮量占植株氮素需求总量的 60%左右。因此，氮施用量一般为花生所需量的 40%左右，磷素由于在土壤中迁移范围小、吸收利用率低，因此，磷施用量一般比需要量高出 50%左右。鉴于上述原因，不同产量水平花生所需施肥量如表 13-1 所示。

表 13-1　花生不同单产所需施肥量

营养元素	250～350kg/666.7m²	350～450kg/666.7m²	450～550kg/666.7m²
氮（N）	5～7	7～8	8～11
磷（P_2O_5）	4～5	5～7	7～11
钾（K_2O）	6～9	9～11	11～13

春播单粒精播花生地，施肥应有机肥和无机肥搭配。要以氮磷钾为主，根据当地土壤实际情况适当补施钙肥。施用有机肥较多和肥力较高的地块，化肥用量可适当减少。全部的有机肥和 2/3 的化肥耕地前铺施，然后深耕 25～30cm，剩余 1/3 化肥起垄前旋耕于 0～15cm 土层，也可以在花生机播时，作为种肥随即施入垄沟之间。可根据土壤养分丰缺情况，适当施用过磷酸钙、锌肥、钼肥和硼肥等微量元素肥料，结合耕地、起垄或播种深施和匀施，培创一个深、肥、松的花生高产土体。夏播单粒精播花生地，可以施用春播肥料量的 2/3，结合旋耕一次性施入。花生单粒精播套种田，应在前茬作物耕地播种时适当多施肥，然后追肥，对花生创高产有促进作用。

二、品种选择与种子处理

（一）品种选择

单粒精播花生对种子质量要求特别高，与多粒穴播不同的是，单粒穴播一旦缺苗，容易造成断穴，使穴距变长，造成严重减产。所以，单粒精播花生种要选用品质优良、出苗率高、单株增产潜力大和综合性状好的普通型大果花生品种。如山东省花生产区推广的花育 22 号、花育 25 号、花育 33 号、海花 1 号、山花 7 号和潍花 6 号等中熟或中早熟品种，在长江以北花生产区生长势强、产量高。山东省农业科学院在花生单粒精播超高产创建中，2014 年山东省莒南县板泉镇单粒精播花育 22 号经专家验收，666.7m² 全收荚果 752.6kg；2015 年山东省平度市古岘镇单粒精播海花 1 号经农业部组织专家验收，666.7m² 全收荚果高达 782.6kg，创世界花生单产最新纪录。

（二）种子处理

单粒精播花生种子，一要纯度高，二要籽仁饱满，三要发芽率达到 98%，出苗率达到 95% 以上。

1. 晒果

花生播种前 1 周左右，选择晴日将荚果在干燥的水泥地面上摊成厚 5～6cm 的薄层。从上午 9:00 至下午 4:00，中间翻动 2～3 次，连晒 2～3d。晒果有两个目的：一是除去种子水分，增强种子的吸水性能，打破种子休眠和提高种子生活力与发芽力。二是杀死荚果上病菌，减轻花生田间发病率，晒果种子比不晒的出苗提前 1～2d，出苗率提高 16%～28%，荚果增产 6%～11%。

2. 二选

一是果选。即在剥壳时随时去掉与该品种特征不符的异形果及秕、芽、虫果。二是米选。剥壳后将米分成三级：籽粒饱满的为一级米，种子重为一级米 1/2～2/3 的为二级米，其余的杂色、虫食、发芽、破损和霉捂米为三级。播种时只能用一级、二级米。

3. 测定发芽率

为了确保花生种子质量，达到苗全、苗匀、苗壮的目的，还要对花生种子进行发芽率试验。方法是：在花生种中随机取一级和二级花生种子，每 50 粒为一个样本，重复 3 次，将样品分别放在 3 个瓷盘中，用 1 份开水和 2 份凉水兑成的温水浸泡催芽发芽。种子质量好、发芽率在 98% 以上的，可用于直播。

4. 种子包衣或拌种

由于花生种子容易受潮而感染根腐病、青枯病和白绢病等花生病害，容易遭地上老鼠等兽害和地下害虫等危害，出苗率严重受影响。所以，花生单粒精播必须进行包衣或拌种才能达到一播全苗，使出苗率达到 95% 以上。有条件的花生种植者，应学习国外花生种子包衣先进技术或采用自己独创技术进行包衣，没有条件的应该在花生精播前进行拌种。

（1）药剂拌种　在茎腐病等病害较重地块，应用 50% 多菌灵可湿性粉剂拌种。在花生白绢病害发生较重地块，应用氟酰胺药剂进行拌种。在蛴螬、金针虫、地老虎、蚜虫、蓟马和叶螨危害严重的地块，应该用毒死蜱等药剂拌种。在花生根结线虫病发生地块，应该用吡虫啉拌种，晾干种皮后播种。

（2）微量元素拌种　用种子量的 0.2%～0.4%钼酸铵或钼酸钠兑适量清水配制成浓度为 0.4%～6%的溶液，用喷雾器直接喷到种子上，边喷边拌匀，晾干后播种，对提高种子发芽率和出苗率、增强植株固氮能力效果明显。或用浓度为 0.02%～0.05%的硼酸和硼砂水溶液浸泡种子 3～5h，捞出后晾干播种，对促进花生幼苗生长和根瘤形成、解决化生出缺硼造成的种仁秕小等症状效果明显。

花生拌种时要注意三点：一是要严格按照药剂的配比浓度和花生种的数量进行。二是要在花生播种前用喷雾器喷洒，轻轻搅拌，待到种皮晾干后再进行播种。三是带药的种子尽量播完，防止人、畜误食造成伤害。

第二节　提高花生单粒精播质量

一、适期播种

确定花生单粒精播适宜播期，是花生苗全苗齐苗壮、夺取高产的基础。一般 5 日 5cm 地温稳定在 12℃以上时，为小粒花生适宜播期，5 日 5cm 地温稳定在 15℃以上时，为大粒花生适宜播种期。花生单粒精播可以分为春播覆膜、夏播覆膜和麦田套种三种花生单粒精播高产栽培技术。春播覆膜花生单粒精播期的地温应为 5 日 5cm 稳定在 12.5℃以上，即适宜播期。例如，处在黄淮海区域的山东和西北区域的新疆花生产区，适宜播期应在 4 月 25 日至 5 月 10 日。在此之间，气温和地温合适，一般能迎来春雨，避开寒流的侵袭，是精播花生的最好时期。夏播覆膜花生单粒精播期应以大蒜、土豆等蔬菜和小麦收获后的 5 月中下旬与 6 月上旬之间为宜。花生精播套种期应以在小麦收获前的半个月左右为宜。

二、土壤含水量

花生单粒精播时足墒的土壤含水量，不仅能确保花生出苗，而且能满足花生苗期生长所需要的水分，一般不需要浇水。因此，覆膜花生播种时土壤墒情一定要足，墒情不足的一定要先造墒。据试验，花生播种时土壤水分以田间最大持水量的 60%～70%为宜，即耕作层土壤手握能成团、手搓较松散时，最有利于花生种子萌发和出苗。土壤含水量低于 40%易落干，种子不能正常发芽出苗，高于 80%易发生烂种或幼苗根系发育不良。在适宜期内，要有墒抢墒、无墒造墒播种。若遇春旱，达不到此值时，应小水润灌或喷灌造墒，或采取播种时开沟、打孔浇水再播种的方法。千万不要大水漫灌，以免地温回升慢，造成已播花生烂种和窝苗现象。年降雨量少的干旱花生产区，如新疆等干旱地区应大力推广花生地膜膜下滴灌技术，采用花生多功能单粒地膜覆盖播种机，一次性将起垄、播种、施肥、喷除草剂、铺滴管、覆膜和膜上覆土等多道工序完成。

三、种植规格

单粒播花生要想夺取高产，应充分利用地上生长空间和地下结实土壤，适当增加密度，充分发挥花生单株的增产潜力，最大限度地获取高单位面积产量。经试验，通过高产创建试验和示范，采取起一垄播两行种植法比较合适。

密度规格以垄距 85cm、垄面宽 55cm、垄沟宽 30cm、垄高 4cm 左右为宜。垄上播 2 行花生，垄上以小行距 30cm、大行距 55cm 左右为宜。大粒花生穴距 12～13cm，每穴播 1 粒种子，播 12 100～13 100 穴/666.7m^2（图 13-1）。小粒花生穴距 10～11cm，每穴播 1 粒种子，播 14 300～15 700 穴/666.7m^2，花生多功能单粒地膜覆盖播种机也是按照这个种植规格设计的。

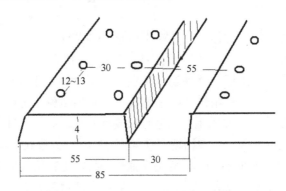

图 13-1　大粒花生单粒精播种植密度规格示意图（cm）

进行花生单粒精播超高产试验，密度规格为垄距 80cm，垄沟宽 30cm，垄面宽 50cm，垄高 12cm，垄上种 2 行花生，垄上小行距 25cm，播种行距离垄边 12.5cm，大行距 55cm，穴距 10cm～12cm，播深 4cm，播种 13 900～16 700 穴/666.7m^2，每穴播 1 粒种子。若实收株数达到 1.3 万～1.5 万株，单株结果数达到 18 个左右，单产荚果可以达到 600kg/666.7m^2 以上。

四、精细播种覆膜

（一）人工播种覆膜

播种前撒施剩余化肥，用旋耕犁旋耕 1～2 遍，做到地平、土细、肥匀。然后按照密度规格起垄。

播种时，先在垄上开两条深 3～4cm 的播种沟，沟心距垄边 12.5cm 左右，按预定密度足墒播种。若墒情不足，应先顺沟浇少量水，待水渗下后再播种。播后随即覆土，搂平垄面，然后覆膜。覆膜前，每 666.7m² 均匀喷施 96%金都尔乳油除草剂 60～80ml，或 50%乙草胺除草剂 100～120ml，兑水 50kg～60kg，随即覆膜压土。覆膜后在播种行上方盖 5cm 厚的土埂，能起到风吹破坏地膜和花生自动破膜出土，并引升化生子叶节出膜，有利于花芽分化。

（二）机械播种覆膜

选用农艺性能优良的花生单粒精量联合播种机，将花生施肥、起垄、播种、喷洒除草剂、覆膜、膜上压土等工序 1 次完成。播种前要根据密度调好穴距，根据化肥数量调整施肥器流量。如果机械在播种行上方膜面覆土高度不足 5cm，要人工填补至 5cm 左右，确保花生幼苗能自动破膜出土。

第三节　花生单粒精播田的科学管理

花生的单粒精播在不同生育阶段对水、肥、气、热的要求及各生育阶段的发育与一穴双粒传统种法有所不同。应根据具体情况进行科学管理，促进花生植株向着高产栽培所期望的方向发展。

一、前期管理

精播花生的前期管理主要是指花生苗期至开花下针期的科学管理。前期管理的重点是放苗、补苗和培育壮苗，是保证花生高产的基础，应该抓紧管理好。

（一）及时破膜放苗

在花生播种行上压土带的，花生幼苗能顶土破膜出苗，并及时将土堆撒到垄沟中。压土不足，或没有压土带的覆膜花生，当幼苗鼓膜刚见绿叶时没有顶破薄膜时，要人工及时在苗穴上方将地膜撕开一个小孔，把花生幼苗从地膜里抠出，并在膜孔上方压适量的土，密封膜口。开孔放苗过晚，地膜内湿热空气能将花生幼苗烧伤。因为精播花生穴距小，开膜孔时一定要小心，而且要在膜孔上方压土，这样不仅能够起到保护地膜不被大风吹翻破碎的作用，还能起到引升花生子叶节出膜的作用。

（二）查苗补苗

花生单粒精播若遇到极端天气或其他严重影响，花生缺穴率高，使花生株距成倍增加，浪费了土地，降低了产量。所以，基本齐苗时，应及时检查缺苗情况，对缺穴地方要及时补种，补苗的种子要先浸种催芽，补种时浇少量水。

（三）抠出膜下侧枝

从花生四叶期开始，及时检查并抠出压在地膜下横生的侧枝，使其健壮发育，促进花芽分化。始花前一般需进行2～3次才能达到全部抠出侧枝的目的。

（四）防治虫害草害

花生苗期若遇干旱，容易发生蚜虫、蓟马和叶螨等危害，感染和传播病毒病，严重危害花生花芽分化，应该及时用毒死蜱等药剂喷洒。还要对花生垄沟进行中耕，消除杂草危害，提高花生垄沟土壤的透通性。

二、中期管理

精播花生的中期是指花生始花至结荚末期，中期田间管理的重点是防病治虫、施肥浇水和防徒长等。

（一）预防花生叶部病害

花生单粒精播田要提早预防花生叶斑病（褐斑病、黑斑病、网斑病和焦斑病），从花生始花开始，当植株病叶率达到10%时，要用50%的多菌灵可湿性粉剂800倍液、硫胶悬剂、波尔多液、百菌清、代森锰锌等药剂每隔15d喷洒叶面一次，连续喷3次左右。在偏盐碱地种植的花生（如新疆等地）叶片容易变白发黄，应多次喷施硫酸亚铁溶液进行防治。

（二）防治棉铃虫

若发现二、三代棉铃虫危害花生心叶时，应及时喷施毒死蜱等药液进行喷杀。若防治过晚，50%花生叶片将被钻孔和吃光，严重降低花生光合效率，减少饱果率。

（三）防治蛴螬

特别是在容易发生蛴螬危害的地块，应该从苗期开始利用捕捉、杨树把引诱和荧光灯诱杀等方式消灭蛴螬的成虫金龟甲，减少产卵数量。另外，还要在花生封垄前，把喷雾器卸去喷头，用毒死蜱等药液进行灌墩，消灭当年在花生结果层产卵孵化的幼小蛴螬。

（四）防止徒长

花生单粒精播较双粒穴播密度大、分枝多，个体发育较大，若遇连阴下雨和强风吹袭，容易发生徒长倒伏现象。所以当花生主茎高度达到 28～35cm，而且有徒长倒伏时，可用 50～100mg/kg 浓度的多效唑、烯效唑药液等，根据情况分次在植株顶部喷洒。最好是控制在花生收获时，以株高 45cm 左右为宜。喷得过多，容易造成植株矮小，叶片变小变黑，还能诱发花生锈病，导致花生落叶枯死，降低产量。

（五）浇水施肥

如果天气持续干旱，花生叶片中午前后出现萎蔫，严重影响花生开花、下针和结果时，应提前进行沟灌、喷灌或滴灌，确保果针及时入土结实和荚果充分膨大。如果浇水过晚，结实层土壤偏干，花生种脐一旦萎缩，水分和养分就不能恢复输送，发生秕果增多、饱果减少的现象。无论是沟灌、喷灌或滴灌，都应该将水浇足。沟灌时，应在沟内用土或者用塑料袋装上土堵沟，使地势高的地方也能浇足水。在新疆等干旱地区的花生，可以从中期开始结合滴灌，根据花生缺肥状况，施入一定数量的氮、磷、钾可溶性复合肥或其他微量元素肥料。

三、后期管理与收获

花生单粒精播后期指从结荚末期到收获的一段时间。管理的重点是保叶、增饱果、提高花生品质和产量。

（一）喷肥保顶叶

由于花生单粒精播密度大，植株群体生长旺盛，开花下针和荚果膨大期消耗了大量的养分，后期容易出现脱肥、叶黄和落叶等早衰现象，影响荚果充实，也可能出现干旱和内涝造成减产。为了延长植株上部叶片功能时间，增加生育后期的光合积累，提高荚果饱满度，在结荚后期每隔 7～10d 叶面可喷施 0.3%的磷酸二氢钾水溶液，或者喷 1%～2%的尿素溶液，也可喷 0.02%的钼酸铵溶液，以保护和维持花生功能叶片的光合作用。

（二）抗旱排涝

后期花生遇到持续干旱时，根系老化，顶叶脱落，茎枝枯衰，严重影响荚果充实饱满。若收获前两周遭遇干旱，花生籽粒容易感染黄曲霉毒素，花生品质降低，应立即小水轻浇，以养根保叶。若遇秋涝，又不能及时排水，荚果在土壤里容易烂掉果柄，荚果生芽甚至烂掉，造成减产。所以，要根据实际情况做好花生后期的抗旱和排涝工作。

（三）适时收获

按生育期计算，一般普通型大果花生品种 130d 左右，珍珠豆型小果花生品种 110d 左右即可收获。例如，单粒春播花生在 4 月下旬至 5 月上旬播种，在 9 月下旬收获比较合适。花生最佳收获时期，以 70% 的荚果果壳硬化、网纹清晰、果壳内壁呈青褐色斑块时为宜。收获过早花生籽粒不饱满，收获过晚芽果、烂果和过熟果增加，导致种仁变成黄褐色，含油率降低，丰产不丰收。

（四）收获方法

花生收获可分人工收获、半机械收获和机械收获三种。人工收获和半机械收获就是先把花生掘刨和耕翻后，铺放在地面晾晒或者荚果朝外垒成垛，之后进行人工或机械脱果。新研制的花生联合收获机已经进行推广应用，效果好，受到普遍欢迎。例如，山东临沭机械厂生产的花生联合收获机能一次性地将花生从地里掘拔起来送入输送带，然后将荚果从茎蔓上摘落下来，省工省时，效果很好。摘下的荚果一定要及时翻晒，直至荚果含水量小于 10% 的生理含水量时才能装袋入库。为了防止花生回潮，入库几天后，还要再进行晾晒，这样才能保证花生质量。

（五）防止残膜污染

覆膜花生收获后，30% 的残膜挂在花生植株上，污染了饲料。30% 的残膜随风飘扬挂在树上和河沟里，污染了环境。40% 的残膜埋在地里，污染了土壤。所以，最好是在花生收获前将地面上的残膜揭掉。收获花生后，随手把地面上的残膜收起来，脱果时把植株上的残膜清除掉，再结合耕地和耙地尽量把地里的残膜逐渐除掉。

附件1 花生高产栽培观测记载项目和方法

一、高产群体生育动态测定

（一）开花结实规律的观察和计算

1. 开花量观察

在高产田内选取有代表性的 3 个花生样段，单粒精播要连续选无空穴 10 株，双粒穴播连续选无空穴、无缺株 5 穴 10 株，定位标记，自始花至终花逐日观察记载开花量，最后计算单株开花量。开花高峰期为盛花期，盛花期前花量多为有效花量。

2. 成针率、结实率计算

收获时，考察定位样段的成针数（含地上地下果针、幼果、秕果、饱果和虫蚀、烂、芽果数）、结实数（含秕果、饱果和虫蚀、烂、芽果数）。计算公式：

成针率（%）=单株成针数/单株总花量×100

结实率（%）=单株结果数/单株总花量×100

（二）生育动态指标的测定

1. 测定时期

（1）出苗期　从播种到出苗（全田 50%植株第一片真叶出土平展）的时期。可定为取样期，取样时，单粒精播要连续选 10 株，双粒穴播连续选 5 穴 10 株（下同）。

（2）幼苗期　从 50%的种子出苗到 50%的植株第一朵花开放的时期。主茎 6～7 片复叶完全展现时为该期取样期。

（3）开花下针期　从 50%的植株开始开花到 50%的植株出现鸡头状幼果的时期。主茎 12～13 片复叶展现时为该期取样期。

（4）结荚期　从 50%的植株出现鸡头状幼果到 50%的植株出现饱果的时期。主茎 16～18 片复叶展现时为该期取样期。

（5）饱果成熟期　从 50%的植株出现饱果到荚果饱满成熟收获的时期。收获当日或收获前 1～2d 为该期取样期。

2. 测定方法

（1）植株生长量　可以根据 5 个生育期或固定天数测定。自始花后，选取有代表性的 3 个花生样段，单粒精播要连续选无空穴 10 株，双粒穴播连续选无空穴、无缺株 5 穴 10 株，定位标记测定主要经济性状。

（2）叶面积　选取有代表性的 3 个花生样段，单粒精播要连续选无空穴 10 株，双粒穴播连续选无空穴、无缺株 5 穴 10 株。选有代表性植株叶片 100 片，其中下部 20 片，中部 50 片，上部 30 片，每 10 片叠成一摞，使叶脉对齐，以叶片中脉为中心，用打孔器打取小片，算出打孔器的圆面积，再计算出 100 个小圆片的总面积。若样品鲜叶不足 100 片，可适当减少打孔叶片数。然后烘干至恒重，计算公式：

$$单株叶面积（cm^2）=样品叶片重（g）×圆片总面积（cm^2）/样品株数×小圆片叶总重（g）$$

$$666.7m^2叶面积（m^2）=单株叶面积（cm^2）×666.7m^2株数/10^4$$

（3）叶面积指数　单位面积上的绿叶面积与单位土地面积之比，计算公式：

$$叶面积指数=666.7m^2叶面积（m^2）/666.7m^2$$

（4）干物质重　测定过生长量和叶面积的样本，分别将根、茎、叶（含落叶）、果针、幼果、荚果放于烘箱内，105℃恒温烘 4～8h 后，再把温度调到 80℃烘干至恒重，称其生物产量（苗期进行净同化率测定时，种子干物质重不是花生当代的光合产物，所以应减去种子重量）。

（5）净同化率　根据叶面积和干物质重进行换算，计算公式：

$$净同化率[g/（m^2·d）]=[第二次干物质重（g）–第一次干物质重（g）]/[第一次叶面积（m^2）+第二次叶面积（m^2）]/2/天数（d）$$

天数计算：从第一次到第二次取样所间隔的实际天数。

（6）总生物体产量　单位面积内群体根、茎、叶、果针、幼果和荚果的综合产量（kg/666.7m^2）。

（7）V/R 率　即营养体干物质重（根、茎、叶）与生殖体干物质重（果针、幼果、荚果）比值。

（8）经济系数　即荚果产量与总生物产量比值，计算公式：

$$经济系数=荚果产量/总生物体产量$$

（三）主要经济性状考察项目标准

花生各生育期选取有代表性的 3 个花生样段，单粒精播要连续选无空穴 10 株，双粒穴播连续选无空穴、无缺株 5 穴 10 株测定，求其平均值。

（1）主根长　花生植株主根与主茎连接处至根尖端之间的长度，精确到

0.1cm。

（2）根干重　取花生根放入干燥箱于 80～84℃下烘干至恒重，采用百分之一天平测定植株根系干重，精确到 0.01g。

（3）根瘤数　花生植株主根和侧根上的根瘤总数，单位为个。

（4）主茎高　从子叶节到顶部第一个完全展开叶叶节的长度，精确到 0.1cm。

（5）侧枝长　第一对侧枝中最长的一条侧枝的长度，即从主茎连接处到侧枝顶叶节的长度，精确到 0.1cm。

（6）总分枝数　全株 4cm 长度以上的分枝总数（不包括主茎）。

（7）单株总复叶数和现有复叶数　单株平均展开的复叶片数（落叶在内）为单株复叶数，单株尚未脱落的复叶数为现有复叶数。生育后期有 3 片小叶者为 1 片复叶，少于 3 片复叶者不计。

（8）主茎总复叶数和主茎现有复叶数　从第一对侧枝分生处至顶部叶位已展开的复叶数（含落叶）为主茎复叶数，主茎尚未脱落的复叶数为主茎现有复叶数。生育后期有 3 片小叶者为 1 片复叶，少于 3 片复叶者不计。

（9）单株结果数　全株有经济价值的荚果（包括秕果和饱果，幼果除外）的总和，精确到 0.1 个。

（10）秕果数　荚壳外皮纤维化而发黄、壳内海绵体呈白色、籽仁未充实的荚果数，精确到 0.1 个。

（11）饱果数　果壳硬化发青、壳内壁出现裂纹并呈青褐色、籽仁已充实饱满的荚果数，精确到 0.1 个。

（12）饱果率　果壳全部硬化的荚果占单株结果数的百分数，精确到 0.1%，计算公式：

$$饱果率（\%）=饱果数/单株结果数×100$$

（13）双仁果率　双仁荚果（包括秕果和饱果）占单株结果数的百分数，精确到 0.1%，计算公式：

$$双仁果率（\%）=双仁荚果数/单株结果数×100$$

（14）幼果数　收获晾干后，子房已膨大、尚无经济价值的小果数，精确到 0.1 个。

（15）单株生产力　花生成熟收获后，将样品荚果充分晒干后称重，求单株平均重量，精确到 0.1g。

（16）百果重　收获晒干后，取饱满的典型干荚果 100 个称重，重复 2 次，重复间差异不得大于 4%，精确到 0.1g。若样品数量少，可用公式计算：

$$百果重（g）=样品重（g）/样品个数×100$$

（17）百仁重　收获晒干后，随机选取 100 粒成熟饱满、完整无发芽的干籽仁称重，重复 2 次，重复间差异不得大于 4%，精确到 0.1g。若样品数量少，可用公式计算：

$$百仁重（g）=样品重（g）/样品个数×100$$

（18）每千克果数　收获晒干后，随机选取成熟饱满干荚果 1kg，计算荚果数，重复两次，重复间差异不得大于 4%。若样品数量少，可用公式计算：

$$kg 果数=样品个数/样品重（g）×1000（g）$$

（19）出仁率　收获晒干后，随机选取 500g 成熟饱满干荚果，剥壳后称籽仁重量，计算出仁率，精确到 0.1%。计算公式：

$$出仁率（%）=籽仁重/荚果重×100$$

二、高产田土壤基本肥力测定项目和方法

（一）高产田土壤肥料养分化验样本取样方法

根据试验要求，可在花生施肥和播种之前或收获后，分别取 0～10cm、10～30cm、30～50cm 土壤，或只取 0～30cm 土壤 500g，摊放在通风处，充分晾干包好，以进行 pH、有机质、全氮、全磷、速效钾和活性钙等分析用。取土样时，可采用 3 点或 5 点对角线方法，用取土钻或上下垂直切取，充分混合后用四分法取其 1 份。

花生所用土杂肥样本，要在充分混合的肥堆上取样，经晾干粉碎后，用四分法取样备用。

（二）土壤物理性状测定项目和方法

1. 土壤通透性测定项目

在花生幼苗期或收获期，定点测定 2～8cm、18～24cm、38～44cm（分别代表 0～10cm、10～30cm、30～50cm 土层）土壤的容重、密度、总孔隙度、毛管孔隙度、非毛管孔隙度、毛管持水量（最大持水量）和空气保证度等基本物理性状。

2. 测定方法

用 150～250cm^2 容重圈，由上到下分 3 个土层深度切割土壤，每层重复 3 次。修平加盖带回，立即称重。随即除去铁盖，在容重圈的刃面套上带滤纸的网罩，浸入水中 1cm。土壤表面呈现亮光湿润时，立即移出水面，擦去圈外多余水分，滤去重力水，称其重量。最后，将湿土连铁圈、网罩放于 105℃ 电烘箱中烘干至恒重，求出干土重，然后计算土壤物理性状数值。

3. 计算公式

土壤容重=净干土重（g）/土圈容积（cm^2）

土壤密度=采用比重瓶法或用 2.65 常数

总孔隙度（%）=（1-容重/比重）×100

毛管持水量（%）=（毛管饱和湿土重-干土重）（g）/干土重（g）×100

毛管孔隙度（%）=毛管持水量（%）×容重

非毛管孔隙度（%）=总孔隙度（%）-毛管孔隙度（%）

土壤相对湿度（%）=土壤绝对含水量/毛管持水量×100

土壤水分容积百分率（%）=土壤含水百分率（%）×容重

土壤空气保证度（%）=总孔隙度（%）-土壤水分容积百分率（%）

附件 2 山东省花生高产田验收办法

一、验收指标

（1）凡超过省内春花生高产最高纪录：6.7hm² （百亩）以上，666.7m² 单产荚果 638.9kg；1hm² （15 亩）以上，666.7m² 单产荚果 727.4kg；666.7m² 单产荚果原纪录 746.3kg，现纪录 782.6kg，报省厅组织验收。

（2）超地（市）最高纪录的由所在地（市）组织验收。

（3）面积 666.7m² 以上，春花生单产荚果 600kg/666.7m² 以上，夏花生单产荚果 500kg/666.7m² 以上的，由县（区）农业局组织验收，并填表上报。

二、预测产量

选取有代表性的 3 个以上点进行收刨，每点 13.3m² （2 厘）地。将收刨的鲜果洗净去杂（除去泥土、沙、石和无经济价值的幼果、虫芽、烂果），烘干计产后再减去 10%测产误差。所得产量达到验收标准的，按规定分别报省、地（市）农业部门验收。

三、验收办法

（一）测量验收点面积

量好面积和收获点，做好标记，进行收获。丈量面积和收获点不带边行，一律从 4 行向外量至平均行墩距 1/2 处，大垄双行者，量至两垄之间。

（二）确定验收点数

（1）666.7m² 以上的，选收有代表性的 3 个点，每点 13.3m² （2 厘）地。

（2）超省、地（市）最高纪录者，要 666.7m² 全部当天完成收刨、脱果、去杂、过称、取样等工作。

（3）1hm² （15 亩）以上，选收有代表性的 5 个点以上，每点 13.3m² （2 厘）地；6.7hm² （百亩）以上的选收有代表性的 10 个点以上。

（三）产量计算

1. 鲜果产量

将各点 13.3m^2（2 厘）地的花生收刨、拾净、脱果、去杂后，称荚果鲜重，计算 666.7m^2 鲜果重。另从去杂的鲜果中称取 3kg 荚果（或在全收过秤后的花生堆上取样品），分装 3 个袋，每袋 1kg，烘干计算产量。

2. 荚果样品烘干

采用电烘箱 105℃恒重法，即将 1kg 样品摊平，放在电烘箱内，保持恒温 105℃烘 8h 称重，再放入 80℃烘 4h 称重，两次重量相同即可。若比第一次减少，再烘 2h，直至恒重。要注意烘干箱湿度变化，以免超温烘焦。按国家规定入库荚果合理含水量 10%的标准计算折干率，计算公式：

$$折干率（\%）＝样品干重（g）÷90\%÷样品鲜重 1000（g）×100$$
$$荚果产量（kg）＝荚果鲜重（kg）×折干率（\%）$$

3. 减去测产偏多误差

根据验收经验，选用小区面积推算产量时，要比全部收刨实际产量高 10%左右。为了减少误差，除全部收刨的外，凡是选点收刨小区计算产量的，要减去 10%的误差，作为实际产量上报。

四、注意事项

（一）考察项目

在验收测产时，单粒精播连续取 10 株，双粒播种连续取 5 穴 10 株，重复 3次。除调查验收区内实收株数，地上、地下生长情况外，还要考察有关花生植株主要经济性状等项目。

（二）样品干净

在黏土地上如荚果上沾有较多泥土不易弄掉时，可在水里洗净，晾干果皮再称重。

（三）去除幼果

无经济价值的幼果，即外壳无网纹、晒干没有种仁的等应拣除，不称重。

附件 3 花生高产田经验总结登记表

单位: _____

负责人和参加人: _____

地名: _____

品种: _____

面积: _____

单产: _____

年份: _____

山 东 省 农 业 科 学 院

（一）高产田基本条件：

1、地势（平原、丘陵、山地）：　　　　　2、土质（当地俗名）：

3、肥力（高、中、低）：　　　　　　　　4、前茬作物：

5、灌排条件：

（二）主要耕作栽培措施：

6、深耕、深刨与整地情况：

7、基肥施用种类、数量和方法：

8、播种期：　　　9、种子处理：

10、种植方式：平种、行距　　cm，穴距　　cm

垄种覆膜、大行距　　cm，小行距　　cm，穴距　　cm

11、种植密度：平均行距　　cm，穴距　　cm，每 666.7m^2　　穴，每穴　　粒

12、出苗盛期：　　　　　13、出苗率：

（三）田间管理措施：

14、开膜放苗、中耕除草（时间和方法）：

15、化学控制防倒伏（时间、药品和方法）：

16、追肥（时间、种类、数量和方法）：

17、浇水或滴灌（时间、方法）：

18、病、虫害防治：

19、成熟期：　　　　　20、全生育期：

21、收获期：　　　　　22、每 666.7m^2 实收株数：

23、其他：

表1 土壤基本肥力分析项目记载表

土层（cm）	土壤质地	容重（g/cm³）	总孔隙度（%）	毛管孔隙度（%）	非毛管孔隙度（%）	最大持水量（%）	pH	有机质（%）	全氮（%）	全磷（%）	速效磷（%）	速效钾（%）
0～10												
10～30												
30～50												

表2 花生单株开花量与主要气象因素记载表

项目 \ 日/月									
5日开花量									
平均气温									
平均地温									
5日土壤含水量	占干土（%）								
	占最大持水量（%）								
5日土壤通气度									
降雨量	日期								
	mm								

表3 花生植株生育动态观测项目记载表（1）

生育期 \ 项目	苗期		开花下针期			结荚期		饱果成熟期	
主茎高（cm）									
侧枝长（cm）									
结果枝数（条）									
总分枝数（条）									
复叶片数（片）									
地上果针数（个）									
地下果针数（个）									
幼果数（个）									
秕果数（个）									
饱果数（个）									

表 4 花生植株生育动态观测项目记载表（2）

生育期 项目	苗期	开花下针期		结荚期		饱果成熟期	
叶面积指数							
营养体干物质重（g）							
生殖体干物质重（g）							
净同化率[mg/(m²·d)]							
全氮（%）							
全磷（%）							
全钾（%）							
全钙（%）							

表 5 花生开花、受精、结果与荚果产量的关系

单株开花数（朵）	有效花		受精		结荚		饱果		荚果产量（kg/666.7m²）
	朵数	占比（%）	个数	占比（%）	个数	占比（%）	个数	占比（%）	
备注									

表 6 花生植株主要经济性状考察项目记载表（收获期验收）

项目	主茎高（cm）	侧枝长（cm）	有效枝长（cm）	结实节数（节）	有效节长（cm）	总果枝数（条）	总分枝数（条）	单株结实情况（个）								千克果数（个）	出米率（%）	总生物产量	经济系数
								地上果针	地下果针	幼果数	结果数								
											秕果	饱果		烂果	合计				
											双仁	单仁	双仁	单仁						
1																				
2																				
3																				
合计																				
平均																				
说明	1、在高产田选代表植株进行考察，重复2~3次 2、每次重复单粒精播连续取10株，双粒穴播连续取5穴10株考察的平均数																			

高 产 田 经 验 总 结